Von Markus Groll
Illustriert von Christoph Abbrederis

DIE 50 GRÖSSTEN ENERGIESPAR-LÜGEN

Die gängigsten Irrtümer rund um Strom, Sprit und Heizen.

W0297343

KRENN

Inhalt

ÖKO
PRÄMIE

EINLEITUNG

Die Finanzkrisen, die Europa und die Welt derzeit in Atem halten, von der amerikanischen Subprimekredit-Bankenkrise im Jahr 2007/08 bis zur Griechenland-Eurokrise 2011 haben das Thema zwar ein wenig aus den Schlagzeilen verdrängt. Aber gleich auf den nachfolgenden Seiten der Zeitungen und Magazine sind Themen rund um eine nachhaltige Energieversorgung dichter platziert als die Wühlkisten mit Energiesparlampen in schwedischen Möbelhäusern. Spätestens seit der Atomreaktorkatastrophe von Fukushima, Japan, ist klar, dass sich einiges ändern wird müssen, um den Energiehunger der Welt auch in Zukunft nachhaltig stillen zu können.

Dieses „einiges" allerdings ist nicht ganz einfach zu definieren. Daher ist auch der Raum groß für Mythen, Märchen und bewusste Energiesparlügen. Nicht immer sind hoch gelobte und geförderte Energiesparstrategien auch wirklich klimanützlich, nicht immer sind es wirklich „Spar"-Strategien, manchmal sind sie es weder noch. Das Buch „Die 50 größten Energiesparlügen", das auch auf Artikeln beruht, die ich in den vergangenen Monaten im Wirtschaftsmagazin „trend" zum Thema Energie (mit)verfasste, soll hier den Spielraum für bewusste und unbewusste Fehlinterpretationen enger machen. Nicht um das Energiesparen abzuschaffen. Im Gegenteil. Um es in eine sinnvolle Richtung zu lenken, in der es nicht nur um Einzelinteressen der Energiewirtschaft, Produkthersteller, Politiker und/oder - tja - bequemer Energiekonsumenten geht. Dabei müssen einige lieb gewordene Gewohnheiten über Bord geworfen werden - politische und private. Doch es lohnt sich. Denn die Herausforderung scheint groß zu sein.

Zwischen Geldkrisen und Energiekrisen gibt es dabei einen fundamentalen Unterschied. Erstere haben den Vorteil, dass Geld prinzipiell nicht wirklich verschwindet, sondern nur den Besitzer wechselt. Das hat zwar unangenehme Folgen für einzelne Marktteilnehmer, in Summe jedoch darf man darauf vertrauen, dass es an anderer Stelle wieder auftaucht. Die bisher verwendeten Ressourcen zur Energiebereitstellung der Weltgemeinschaft hingegen sind - was ihre Nutzung betrifft - großteils tatsächlich endlich. Was hier verschwendet oder unfair verteilt wird, ist wirklich weg. Seien es fossile Brennstoffe, landschaftliche Flächen oder Leitungskapazitäten.

Das verschafft möglichen Energiekrisen langfristig eine größere Brisanz, als Geldkrisen. Was durch einige Determinanten noch verstärkt wird: Weniger entwickelte Länder drängen berechtigt darauf, westliches Wohlstandsniveau zu erreichen, den gleichen Energieverbrauch inklusive. Gleichzeitig wird aber das westliche Energiesystem von zwei Seiten untergraben: Zum einen neigt sich die bisherige Basis fossiler Energieträger dem Ende zu, zum anderen macht die Klimaerwärmung Druck, CO_2-lastige Ressourcen möglichst rasch zu ersetzen. Die Dringlichkeitsreihung ist dabei nicht leicht abzuschätzen.

Zyniker mögen einwenden, dass sich das Problem Klimaerwärmung ohnehin von alleine löst, wenn uns die CO_2-lastigen fossilen Brennstoffe ausgehen. Da ist was dran. Ein wenig Relativismus statt hektischem Aktionismus täte gut. Vieles spricht dafür, dass sich im Energiebereich Gleichgewichte tatsächlich auch von selbst herstellen. Zum Beispiel, wenn der befürchtete Preisanstieg bei Treibstoffen mit Sicherheit nur so lange weitergeht, bis die Alternativen mithalten können. Das ist bereits zum Teil der Fall. Oder wenn Europa tatsächlich in zunehmenden Ausmaß seine Atomkraftwerke abschaltet: Dann wird der knapper werdende Strom nicht für Mobilität verschwendet werden, sondern für jene Technologien, die ohne Strom nicht funktionieren, Beleuchtung, Elektrogeräte, Computer, Steuerungen und Industrie- und Kommunikationstechnologien. Fahrzeuge lassen sich auch anders beschleunigen.

Dennoch werden die Umstellungskosten zu nachhaltigen Energiesystemen in Summe gewaltig sein. Die westliche Welt hat bisher finanziell und energetisch auf zu großem Fuß gelebt und wird in den nächsten Jahrzehnten bisher benachteiligten Weltregionen etwas „zurückzahlen" müssen. Ein bewusst gesteuertes Umgehen damit ist allemal billiger und sozial verträglicher, als einen energetischen Betriebsausfall des Wirtschaftssystems ad hoc finanzieren zu müssen. Also sollte man das Projekt kollektiv in Angriff nehmen und nicht auf einzelne Visionäre abwälzen.

Denn insgesamt zeigt sich: Rechnen tun sich erneuerbare Energieformen zum Großteil noch nicht oder nur in Zeiträumen, die Private kaum kalkulieren können. Energiesparen kann für den/die Einzelnen vorläufig ganz schön teuer werden. Viele unangenehme Kostenwahrheiten werden hinter vielen schönen politischen Phrasen versteckt. Statt politische Entscheidungen zu treffen, wird Verantwortung auf einzelne Privatpersonen abgewälzt. Das ist kontraproduktiv, denn wenn die zweckoptimistischen Versprechen, dass Energiesparen den Geldbeutel schone und glücklich mache, wider Erwarten doch nicht eintreffen, bleiben enttäuschte Konsumenten zurück, die für wirklich notwendige Energiesparmaßnahmen jedes Verständnis verloren haben. Das ist der gleiche Mechanismus, wie er in den bisher in der „Lügen-Serie“ des Krenn-Verlages erschienenen Büchern zu anderen Themen beschrieben wurde: „Die 50 größten Fitness-Lügen“, „Die 50 größten Diät-Lügen“, „Die 50 größten Wein-Lügen“ und „Die 50 größten Bio-Lügen“. Tatsächlich muss daher auf vielen Ebenen Kostenwahrheit hergestellt werden. Und ehrliche Gewinnaufteilung - wenn schon unbedingt Kraftwerke und Leitungen in die Gegend geklotzt und damit endliche Ressourcen verbraucht werden müssen, dann dürfen nicht nur die Belastungen der Allgemeinheit aufgebürdet werden, sondern müssen auch die Gewinne allgemein aufgeteilt werden. Auch da unterscheidet sich die Energie- von der Geldwirtschaft.

Prinzipiell allerdings muss man sich um die Energiezukunft keine Sorgen machen. Denn dem Erfindungsreichtum sind kaum Grenzen gesetzt. Dutzende neue Technologien warten nur darauf, eingesetzt zu werden, die Möglichkeiten, die Effizienz der Systeme zu steigern, sind enorm. Spielraum gibt es an allen Ecken und Enden. Daher ist auch die Aufforderung, Energiesparlügen nicht auf den Leim zu gehen, nicht als Argument gegen das Energiesparen gedacht, sondern als Anreiz, die Herausforderung anzunehmen. Das Licht wird uns auch im nächsten Jahrhundert nicht ausgehen.

Markus Groll

Energiepolitik & Umweltverhalten

Auf Wirtschafts- und Umweltpolitiker kommen in Sachen Energieversorgung der Zukunft einige wichtige Entscheidungen zu. Und auf die Energiekonsumenten einige wichtige Einsichten. Doch sowohl das Verhalten von Konsumenten als auch das von Politikern ist nicht gerade von hoher Änderungsbereitschaft geprägt. Das heißt – erst eine richtige Energiekrise wird eine wirkliche Energiewende notwendig machen.

ENERGIZER

1. ÖSTERREICH BRAUCHT ATOMSTROMIMPORTE?

Überhaupt nicht. Österreichs Kraftwerke können beinahe doppelt soviel Strom liefern wie benötigt.

Nach Jahrzehnten der Konfrontation finden sich Naturschützer und E-Wirtschaft seit kurzem zumindest in einem Bereich auf einer gemeinsamen Argumentationslinie wieder: Österreich sei von einem Stromexport- zu einem Stromimportland geworden. Und die Umweltschützer werden nicht müde zu berechnen, wie hoch der Atomstromanteil in Österreich in Wirklichkeit dabei sei.

Die E-Wirtschaft widerspricht auffallend wenig. Das hat gute Gründe, denn wer die bösen Atomstromimporte ablehnt, weil er „stromautark" werden will oder weil das Label „Atomstrom" stört, der hat nur eine Möglichkeit, die scheinbar steigende Stromnachfrage in Österreich zu decken: den heimischen Kraftwerkspark auszubauen. Der Gedanke gefällt den Energieversorgern und daher werden auch sie nicht müde, die Importabhängigkeit Österreichs zu betonen. Unterstützt von einer Politik, die davon ausgeht, dass der Ruf nach „Autarkie bei der Stromversorgung" oder „Raus aus der Atomkraft" einer ist, der Wählerstimmen bringt.

Allerdings – das Argument stimmt nicht und ist als Energiesparlüge zu klassifizieren. Österreichs Importüberschuss ist ein über Jahresfrist künstlich herbeigerechneter Summenwert über eine beliebig lange Zeitperiode, der mit der wirklichen Leistung des heimischen Kraftwerkparks nichts zu tun hat. So formuliert etwa der langjährige Anti-Atom-Beauftragte des Landes Oberösterreich, Radko Pavlovec: „Es ist klar durch Fakten belegt, dass die Bevölkerung von der Politik, den Energieversorgern und auch einigen NGO´s völlig falsch über die tatsächliche Situation der Stromversorgung in Österreich informiert wird."

Das Problem der Stromversorgung ist nämlich nicht das, über längere Zeiträume genug Strom bereitzustellen, sondern im Moment des höchsten Bedarfs – und dieser Moment dauert oft nur Stunden, Minuten, oder gar Sekunden – die nötige Leistung liefern zu können. Da ist tatsächlich höchste Vorsicht geboten: Ist hier nur eine Sekunde lang weniger Strom im Stromnetz, als die Verbraucher (Haushalte, Industrie) nachfragen, kommt es zum plötzlichen Spannungsabfall, sogenannten Blackouts, und damit zu großflächigen und schädlichen Stromausfällen. Um diese zu verhindern, müssten dann große Teile des Versorgungsgebiets zwangsweise vom Netz getrennt werden.

Allerdings – damit haben wir Österreicher kein Problem. Österreichs Kraftwerkspark ist ohne Probleme imstande, diese kurzfristige Maximalleistung zu liefern. Zum Vergleich: Die maximal nachgefragte elektrische Leistungsspitze in Österreich (die ist traditionell an einem kalten Wintertag) liegt bei rund 9500 Megawatt (mW). Im Durchschnitt liegt dieser Wert zwischen 3000 und 4000 Megawatt. Die installierte Leistung aller Kraftwerke zusammen – das heißt, wenn alle gleichzeitig laufen – liegt aber bei rund 20.000 Megawatt. Weil allerdings nie alle Kraftwerke mit voller Leistung laufen können (sie sind entweder in Wartung, müssen repariert werden, oder die Flüsse führen gerade im Winter wenig Wasser zur Stromerzeugung) rechnet der staatliche Stromregulator E-Control mit der sogenannten „gesicherten Leistung", also das, was im schlechtesten Fall in die Leitungen gespeist werden kann. Die E-Control kommt dabei auf einen Wert von mindestens 12 - 13.000 Megawatt. Das ist zwar deutlich weniger als die gewaltige installierte Leistung, aber immer noch deutlich mehr, als Österreichs Verbraucher bisher maximal nachfragten.

Rein von den Kapazitäten her gäbe es in Österreich also keinen Bedarf nach neuen Kraftwerken. Gegebenenfalls müssten alte Standorte erneuert werden. Wobei der Spielraum vermutlich noch größer ist, als die offiziellen Zahlen ohnehin belegen: Selbst das nicht gerade als schlampig verschrieene Deutschland hat im Zuge von Kalkulationen rund um den Ausstieg aus der Atomkraft festgestellt, in seinen Statistiken alleine in Bayern bisher rund 1000 Megawatt an bisher ungenützten Kraftwerkskapazitäten „vergessen" zu haben.

Richtig ist allerdings auch – und das ist ein wahrer Kern der Energiesparlüge – dass die Österreichischen Kraftwerke teilweise regional nicht optimal verteilt sind und der erzeugte Strom in Einzelfällen nur unter großen Verlusten zum Verbraucher kommt. Die Schlussfolgerung aus diesem Faktum wäre aber, den Netzausbau zur Verteilung der Energie voranzutreiben, nicht, neue Kraftwerke zu bauen. Richtig ist auch, dass die Strombosse ihre Kraftwerkskapazitäten nicht nur für Österreicher reservieren, sondern auch ans Ausland verkaufen. Damit stehen sie tatsächlich nicht mehr zur Deckung des Inlandsbedarfs zur Verfügung. So gesehen ist tatsächlich auch eine Importabhängigkeit zu argumentieren. Diese allerdings ist eine rein kaufmännische/politische Entscheidung und kein technisches Naturgesetz.

Wenn Politiker also unbedingt stromautark sein wollen – das würde mit entsprechenden Gesetzen auch jetzt schon funktionieren, die Kapazitäten hätte Österreich. Wenn diese Gesetze aus diversen Gründen nicht gemacht werden, um etwa den Verdienstinteressen der E-Wirtschaft nicht in die Quere zu kommen, weil der Staat ja teilweise selbst größter Profiteur der Stromversorger ist, dann nützen neue Kraftwerke auch nichts – denn diese Verdienstinteressen ändern sich nicht.

Umweltschützer, die also die Atomstromimportabhängigkeit Österreichs unreflektiert anprangern, liefern damit ungewollt das Argument, in Österreich weitere Gaskraftwerke zu bauen oder Wasserkraftwerke in ökologisch sensiblen Gebieten durchzusetzen, die keinen inländischen Bedarf, sondern lediglich die Gewinninteressen der Strombosse bedienen. Das mag durchaus legitim sein – aber unter Umständen nicht von öffentlichem Interesse.

Das können Sie glauben

- Österreich hat rechnerisch genug Kraftwerke, um den Eigenbedarf an Strom auch und gerade zu Spitzenzeiten zu decken. Wir sind also nicht von Atomstromimporten abhängig.
- Die Frage, welchen Kunden diese Kapazitäten verkauft werden – Inländern oder Ausländern – ist eine rein kaufmännisch-politische Frage und kein technisches Naturgesetz.
- Zusätzliche Kraftwerke bedienen die – legitimen – Gewinninteressen der Stromkonzerne, weit weniger das öffentliche Interesse.

Quellen
E-Control, Österreichs Energie, Radko Pavlovec Energie Consulting, Greenpeace

2. TRÄUMEN VON DER GRÜNEN RENDITE?

Erneuerbare Energieträger sind als Anlageform hoch riskant und anfällig für Ökoschwindel.

Mit gutem Gewissen Geld verdienen: Das ist nicht erst seit der Finanzkrise 2008/09 der Traum vieler Anleger. Das Bewusstsein um die mangelnde Nachhaltigkeit mancher Wirtschaftszweige hat in den vergangenen Jahren zu einem Boom an ökologischen Investments geführt. So wurden etwa in Deutschland zum Thema erneuerbare Energie und Wald 2009 doppelt so viel Euro eingesammelt wie im Jahr zuvor, nämlich 675 Millionen. Und das Berliner „Forum Nachhaltige Geldanlagen" bezifferte in einer Studie das Wachstum des gesamten als nachhaltig titulierten Anlagevolumens in Deutschland, Österreich und der Schweiz alleine zwischen 2008 und 2009 auf 67 Prozent (Summe: 38 Milliarden Euro).

Allerdings – der Boom hat jede Menge schwarze Schafe auf die grüne Weide gelockt, die viele gutgläubige Anleger abzocken. Denn zwei Missverständnisse führen zu einer erstaunlichen Leichtgläubigkeit vieler Geldgeber: Erstens sind die Protagonisten der erneuerbaren Energieszene nicht nur deswegen gut, weil die Öl- und Atomlobby in den Medien weitverbreitet als böse hingestellt wird. Und zweitens bedeutet der herbeigeschriebene Boom bei Technologien und Dienstleistungen rund um erneuerbare Energieformen nicht automatisch auch Gewinne.

Dabei lassen sich zwei grundsätzlich unterschiedliche Anlageformen unterscheiden. Entweder indirekt mittels Aktien über die Börse. Oder direkt, denn landauf, landab sammeln Projektbetreiber auch private Investoren, die

sich mit ein paar tausend Euro an einem Biomassekraftwerk, einer Photovoltaikanlage oder einem Windrad beteiligen können. Meist mit hohen Renditeversprechen. Doch gerade diese Projekte sind eher mit höherem Risiko zu bewerten. Denn die Technologien sind von vielen unbekannten Faktoren abhängig.

- So können sich etwa die öffentlichen Förderungsrichtlinien, mit denen die Projektbetreiber gerechnet hatten, plötzlich ändern.
- Die Weltmarktpreise können plötzlich schwanken und sowohl auf der Kosten-, als auch der Ertragsseite zu drastischen Schwankungen führen.
- Parallelmärkte und –technologien können die Planrechnungen über den Haufen werfen.

Das heißt: Gerade wer auf nachhaltiges Investieren setzt, sollte gezielt nachfragen und im Zweifelsfall eher die Hände davon lassen. So hat zum Beispiel eine der hippsten Branchen, die Photovoltaik, in Deutschland in den Jahren zwischen 2009 bis 2011 höchste Volatilität bewiesen, genau das Gegenteil von Nachhaltigkeit: Die noch 2008 auf rund 80 Euro hochgejubelten Aktien des Photovoltaikzellen-Herstellers Q-Cells befinden sich seit damals auf permanentem Sinkflug bis auf unter zehn Euro. Im Sommer 2011 werden selbst Konkursgerüchte für plausibel gehalten. Tausende Anleger haben hunderte Millionen Euro verloren.

Was war passiert? Eigentlich war es eine gute Entwicklung für Kunden, für die Technologie, für die Nutzung erneuerbarer Energieformen insgesamt: Mit dem Einstieg vieler asiatischer Hersteller in den Markt setzte ein rapider Preisverfall für Photovoltaikpanele ein. Das belebte den Markt, die Zahl der installierten Kollektorflächen stieg rasant an. Nur – die europäischen Hersteller konnten da nicht mehr mit. Zu lange hatte man sich auf die – auch durch hohe öffentliche Förderungen gestützten – europäischen Preise verlassen und die Anpassung der Kostenstruktur vernachlässigt.

Andere Baustelle Biomassekraftwerke: Auch hier setzte nach einem Boom ab 2005 die Ernüchterung ein – rund die Hälfte der Biogasanlagen (Stromproduktion) in Österreich ging seither in Konkurs. Gleiches gilt für viele Windparkerrichter, die in Beteiligungsmodellen private Investorengelder einsammelten. Sei es, weil die Förderrichtlinien plötzlich geändert wurden, sei es, weil die Betreiber bei der Projektverwirklichung handwerkliche Fehler machten, die Technologien noch nicht ausgereift waren oder falsche Windgutachten erstellt wurden: Die tatsächliche Performance hielt den Versprechen in den Anlageprospekten oft nicht stand. Manchmal wurden sie öffentlich gerettet (Kolowind Gesellschaft in Salzburg), andere Male waren Pleiten unvermeidbar (u.a. Donauwind, Niederösterreich).

3. FONDS: SICHER GRÜN?

Wer nun glaubt, Investieren in Ökofonds sei weniger riskant, stößt auf andere Hürden. Denn viele dieser Fonds – wo Investorengelder eingesammelt werden, um in verschiedene Firmen zu investieren – haben in ihrem Portfolio oftmals Unternehmen, die so gar nicht unter das grüne Mäntelchen passen, das die Marketingabteilung nach außen hin über das Finanzvehikel gehängt hat. So wird die Liste an Warnhinweisen, die Anlegerschützer herausgeben, immer länger. Rund 20 Firmen stehen auf der grau-grünen Warnliste des Börsebriefes Ökoinvest von Max Demel, eines Pioniers der ökologischen Geldanlage. Auch die Stiftung Warentest hat eine eigene Warnliste veröffentlicht.

Erst vor kurzem hat das Magazin Ökotest in 51 von 73 „Öko-Fonds" ausgerechnet Aktien von Atomfirmen wie EDF oder E.ON entdeckt. Diese Firmen, so die Rechtfertigung, investieren schließlich auch eine Menge Geld in das Geschäftsfeld erneuerbare Energien und seien daher zu Recht in den Fonds vertreten. Allerdings: Immerhin zehn der Fonds haben reagiert und beteuert, ihre Investmentstrategie zu ändern. Bis 2010 war auch die Erdölfirma BP in vielen Ökofonds vertreten, weil sie marketingmäßig geschickt ihre Anstrengungen im Segment erneuerbare Energien außerhalb des Kernbusiness verkaufte. Erst mit der Explosion der Bohrinsel im Golf von Mexiko änderte sich auch das Image von BP.

Für Firmen aus benachbarten Branchen ist die Grenzziehung zwischen Öko und weniger Öko manchmal noch schwerer. Sind Eisenbahnunternehmen, die mit Atomstrom fahren, für Ökofonds nun vertretbar, oder nicht? Gelten Wasserkraftbetreiber, die nebenbei auch mit Atomstrom handeln, als grün oder nicht? Sind Autofirmen tolerierbar, wenn sie Hybridantriebe entwickeln, insgesamt aber den Verbrauchswert ihrer Fahrzeuge nicht reduzieren können (oder wollen)? Was wirklich mit dem Geld in Ökofonds passiert, ist manchmal sehr schwer herauszufinden. Immerhin gibt es einen Transparenzkodex (European Sustainable Investment Forum, Eurosif), der ein gewisses Maß an Offenheit gegenüber den Anlegern garantiert.

Wer allerdings das Geld nur auf dem Sparbuch hortet, ist moralisch noch lange nicht aus dem Schneider – denn die Banken investieren die Sparguthaben ihrerseits in Firmen, für die viele Sparer nicht einmal im Traum auch nur einen Cent hergeben würden: Waffenproduzenten, Atomkraftbetreiber, Glücksspielkonzerne und Umweltverschmutzer.

Das können Sie glauben

- Investieren in grüne Einzelprojekte, sei es über Direktbeteiligung oder geschlossene Fonds, ist zumeist ein Hochrisikounterfangen und damit eher Spekulation, als eine sichere Geldanlage.
- Dem versprochenen Gewinn steht oft ein totales Verlustrisiko gegenüber. Besonders, wenn sich rechtliche Rahmenbedingungen ändern.
- Investieren in bereits laufende Anlagen ist allemal sicherer als in Projekte vor deren Verwirklichung.
- Investieren in Ökofonds senkt das Risiko des finanziellen Verlustes. Allerdings steigt dann das Risiko des Ökoschwindels.
- Ein Fonds gilt dann als teuer, wenn die Fonds(verwaltungs)kosten insgesamt über 10 bis 12 Prozent der gesamten Beteiligungssumme liegen.
- Beteiligungserträge in Form von Genussrechten sind keine „Verzinsung", sondern eher wie eine „Dividende" zu bewerten, also voll risikobehaftet. Beim investierten Kapital kann Totalverlust eintreten.

Quellen

Finanztest, Geo, Ökotest, Forum Nachhaltiger Geldanlegen, Ökoinvest

4. ÖSTERREICH SOLL GÜSSING WERDEN?

Die angebliche Umweltmusterstadt Güssing im Burgenland ist ein potemkinsches Dorf in Sachen Energieautarkie.

Das kleine Städtchen gilt als **die** *Umweltmusterstadt schlechthin: Güssing im Burgenland. Es vermarktet sich seit langem als erste „energieautarke“ Stadt Österreichs. Das heißt – mehr Energie erzeugen als verbrauchen, und das vor allem aus Biomasse. Strom, Treibstoff, Wärme, so lautet seit Jahren die Botschaft der Güssinger, könnten sie, zumindest übers Jahr gerechnet, in ausreichender Menge selber erzeugen. Aus der ganzen Welt kommen Delegationen von Öko-Touristen, um sich das Energiewunder vor Ort anzusehen. Und auch Politiker werden nicht müde, Güssing als Beispiel zu loben, wenn es um die politische Botschaft geht, Österreich müsse energieautark werden.*

Allerdings – das ist eine blanke Energiesparlüge. Wenn Österreich tatsächlich Güssing werden soll, dann wird das erstens teuer, zweitens wahrscheinlich kalt und das Kyotoziel kann man auch vergessen. Hinter der marketingmäßig aufpolierten Öko-Fassade hat die angebliche Umweltmusterstadt jede Menge Schwierigkeiten, auch nur die Hälfte ihres Images zu erfüllen. Güssing ist bezüglich Energieversorgung nicht wesentlich autarker als Gesamtösterreich. Der CO_2-Ausstoss ist kaum niedriger als vor zehn Jahren. Und die Betriebsansiedelungen führen zu Schwermetallverunreinigungen der Bäche und Lärmbelästigung der Anrainer.

Wie kam es zu dem liebevoll gepflegten, aber falschen Mythos? In den 1990er-Jahren beschloss der Güssinger Gemeinderat, sich vom Rest der Welt energetisch abzukoppeln. Innerhalb von zehn Jahren wurden Fernwärmenetze errichtet, eine Biodieselanlage hochgezogen und mit einem

Biomassekraftwerk, nach einem von der TU-Wien entwickelten Verfahren der Holzvergasung, Strom produziert. Auch die Vermarktung der Anstrengungen klappte bestens: Vom Energy Globe Austria 2001, über den Hans Kudlich Preis des Ökosozialen Forums 2003, den Climate Alliance Award 2004 des Umweltministeriums bis hin zum Watt d´Or 2009 des Schweizer Bundesamtes für Energie reihen sich ein gutes Dutzend an Preisen für das „Modell Güssing". Kurzfristig war man tatsächlich auf dem Weg, zumindest rechnerisch in etwa jene Energiemenge selbst herzustellen, die man auch tatsächlich verbrauchte.

Doch irgendwann hat sich das öffentlich vermittelte Bild Güssings von der Wirklichkeit abgespalten. Das beginnt damit, dass die vermeintliche Energieautarkie Güssings von Beginn an lediglich eine rechnerische war. Als echte Versorgungs-Insel wäre Güssing genauso kalt, dunkel und unmotorisiert, wie der Rest Österreichs auch. Zahlen werden mittlerweile keine mehr veröffentlicht. Bis 2009 allerdings konnten wir im „trend" nachrechnen – und da sieht das ganz anders aus.

Der Selbstversorgungsgrad der Stadt Güssing in Sachen Energie beträgt mittlerweile wieder gerade einmal 51 Prozent. Ursachen an der – gemessen an der öffentlichen Wahrnehmung – blamablen Energiebilanz gibt es viele: Zum einen schlitterte das **Biodieselkraftwerk** kurz nach seiner Errichtung auch schon wieder 2006 – wie andere in Österreich – in die Pleite. Damit fehlen in der Energiebilanz aber plötzlich 80.000 Megawattstunden an erneuerbar hergestellter Energie. Das verschwiegen die Güssinger allerdings standhaft. Die Energielücke war umso ärgerlicher, da andererseits der Energiebedarf stark anstieg (plus 12 Prozent zwischen 2001 und 2008): Um die Kraftwerke (Fernwärme, Strom) auszulasten, hatte man produzierende Betriebe angesiedelt.

Doch die wackeren Burgenländer tricksten auch an anderer Stelle: Die Biomasse-Rohstoffversorgung für die Stadt kommt eigentlich aus dem viel größeren politischen Bezirk Güssing. Und auf dieses Einzugsgebiet umgerechnet, sinkt selbst der rechnerische Eigenversorgungsgrad auf 31 Prozent. Das ist nur unwesentlich mehr, als der Anteil der erneuerbaren Energie in ganz Österreich (derzeit knapp unter 30 Prozent), und immer noch zu wenig, um jenen 34 Prozent zu entsprechen, zu denen sich Österreich EU-weit für die nächste Kyoto-Periode verpflichtet hat. Mit der gleichen Rechnung könnten sich auch dutzende andere Gemeinden als energieautark bezeichnen. Der CO_2-Ausstoss Güssings lag 2009 übrigens bei rund 25.000 Tonnen pro Jahr, das ist soviel wie vor fünf Jahren, plangemäß wollte man eigentlich schon 2006 mit 2000 Tonnen das Auslangen finden. Auch diese kleine Änderung der Planrechnung wurde nicht mehr kommuniziert.

Was aber vor allem in eine ehrliche Rechnung einzufügen gewesen wäre: wirtschaftlich ist das **Modell Güssing eher ein Desaster**. In Summe konnten die Burgenländer – dank EU-Hilfe als Ziel-1 Gebiet – bisher rund 70 Millionen Euro in die Infrastruktur des „Modell Güssings" (Hotels, Kraftwerke, Forschungseinrichtungen) investieren. Eine Summe, die mit dem aktuellen Umsatz von jährlich rund 13 Millionen Euro nie zurück verdient werden könnte. Und die Betriebe? Das Biodieselwerk musste, nach einem Zwischenspiel mit israelischen und russischen Mitgesellschaftern, bereits Konkurs anmelden. Das Biomassekraftwerk, die Stromfirma, die Fernwärmegesellschaft sind laut letzten Bilanzen schwer überschuldet und nur deswegen nicht in Konkurs, weil dank politischer Förderungsmodelle positive Fortführungsprognosen abgegeben werden.

Aber auch die hohe Umwegrentabilität, die Güssing durch die Biomassestrategie immer wieder ins Treffen führt, ist in Wirklichkeit nichts Besonderes. Wohl hat sich etwa die Kommunalsteuer in zehn Jahren ziemlich genau verdoppelt – das ist allerdings angesichts der hohen EU-Förderung für das Burgenland als Ziel-1-Gebiet im ganzen Burgenland so, nicht nur in Güssing, stellte eine Studie der WIBAG 2009 fest.

Zumal sich ausgerechnet die Kommunalsteuer in Güssing demnächst auch noch drastisch verringern könnte: Im Sommer 2011 schlitterte der größte Vorzeigebetrieb Güssings, der Solarpaneele-Hersteller Blue-Chip GesmbH in die Insolvenz. Es ist dies nicht nur die zweitgrößte Pleite Österreichs im Jahr 2011 und ein schwerer Schlag für die Gemeindefinanzen. Sondern damit fällt auch ein großer Strom- und Wärmeabnehmer für die örtlichen Kraftwerksgesellschaften aus – was die Energiebilanz der braven Güssinger weiter ins Wanken bringen dürfte. Davon ist allerdings kein Wort in den Prospekten der Stadt zu lesen.

Das können Sie glauben

- Die angebliche Umweltmusterstadt Güssing ist von der Energiebilanz her in Wirklichkeit nicht wesentlich besser als der Rest Österreichs.
- Der Mythos stammt aus einem Versuch, mit Biomassekraftwerken und Fernheizwerken so etwas wie Energieautarkie zu verwirklichen. Dessen Scheitern wurde nicht mehr kommuniziert.
- Tatsächlich haben die Güssinger immerhin viel teure Forschungs- und Pionierarbeit geleistet. Aber sie haben damit bisher eher bewiesen, dass Energieautarkie zur Zeit wirtschaftlich gesehen **NICHT** möglich ist.

Quellen

Stadtgemeinde Güssing, Firmenbuch, Technologiezentrum Güssing, Wirtschaftsmagazin „trend“, KSV

GÜSSING

5. NUR EINE FRAGE DER TECHNIK?

Energiesparer machen einen guten Teil der technisch möglichen Gewinne durch ihr Nutzungsverhalten wieder zunichte.

Dass die Psyche ein Hund ist, wussten schon die alten Römer. Oder die Technik, das wissen die Selbermacher vom Baumarkt. In Wirklichkeit ist die Gier der Hund, wie es in einem Lied der Wiener Rockband Alkbottle aus dem Album „Lauter, fetter, blader" (1994) heißt. Alle drei Bezeichnungen sind richtig, obwohl sowohl die Römer als auch Alkbottle noch nicht viel von Energiesparen wussten. Aber schon lange wissen Energieökonomen und Psychologen: alleine mit Investitionen in neue Techniken ist das Ziel – effizienter Umgang mit Ressourcen – noch lange nicht erreicht. Das Streben – um nicht zu sagen: die Gier, mit technischem Klimbim das Energiesparen umgehen zu können, wird durch das Konsumverhalten, um nicht zu sagen: die Psyche, schwerstens beeinträchtigt. Das heißt: Das Bewusstsein, über eine energiesparende Technik zu verfügen, verführt zum übermäßigen Gebrauch derselben. Und dies macht die potentiell möglichen Einsparungen sofort wieder zunichte.

Der Effekt ist mittlerweile wissenschaftlich untersucht. Die Ökonomen haben ihm den Namen „Rebound-Effekt" (rebound, engl: Abprall) gegeben und in ihre Berechnungen mit einbezogen. Seit kurzem multipliziert etwa die Umweltberatung Wien/Niederösterreich in ihren Berechnungen auch offiziell jeden Einsparungseffekt durch Energiesparmaßnahmen mit dem Faktor 0,9. Das heißt: 10 Prozent der möglichen Einsparungen werden im Durchschnitt durch geändertes Verbrauchsverhalten wieder kompensiert. Das scheint noch konservativ gerechnet, denn im Extremfall kann eine Maßnahme, die eigentlich zur Effizienzsteigerung gedacht war, sogar zu einem erhöhten Energieverbrauch führen. Dann spricht man von „Backfire".

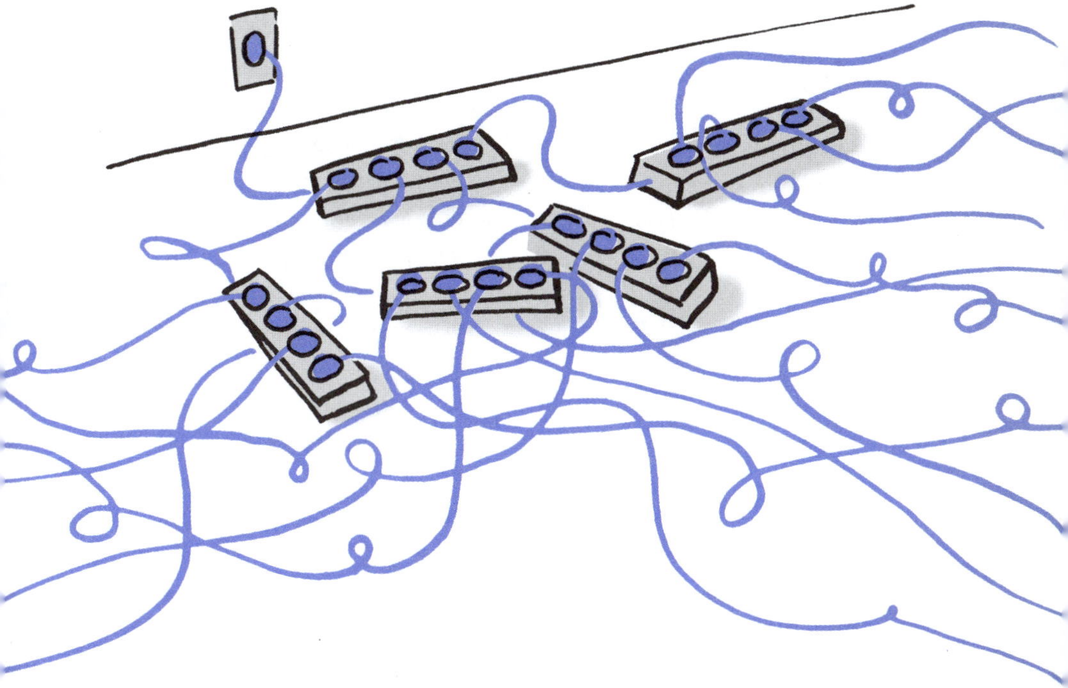

Das erste Beispiel stammt aus dem England des frühen 20. Jahrhunderts, als in den Glühlampen die alten Kohlefaserglühwendeln durch solche aus Wolfram ersetzt wurde. Diese verbrauchten nur ein Viertel Strom bei gleicher Leuchtleistung. Viele Stromunternehmer befürchteten damals Umsatzeinbrüche, andere wiederum senkten die Preise, um den Massenmarkt zu erreichen: Die Strategie ging auf – die mit Effizienzsteigerung einhergehende Verbilligung der Glühbirnen hatte zu einer Umsatzexplosion geführt. Wenn nun der Ersatz der Glühlampen durch LED- oder Energiesparlampen ansteht, ist wohl ein nämlicher Effekt zu beobachten: In dem Bewusstsein, dass man nun äußerst effiziente Leuchtmittel verwendet, werden weitaus mehr Flächen beleuchtet als früher. Das könnte im Extremfall statt zu einer Absenkung zu einer Verbrauchssteigerung führen.

Insgesamt lassen sich alle möglichen unterschiedlichen Effekte feststellen – was die konkrete Berechnung einigermaßen schwer macht. Entweder ein **„Direkter Rebound“**, wenn billige Energie stärker nachgefragt wird. Oder ein **„Indirekter Rebound“**, wo durch Energieeinsparungen frei verfügbares Kapital in andere Technologien investiert wird, die erst recht Energie verbrauchen (z.B: der Trend zu großen Flachbildschirmen). Oder **„Transformations-Effekte“**, die gesellschaftliches Konsumverhalten verändern. So führte billiger Treibstoff zur Entstehung großer Einkaufsmärkte am Stadtrand, die wiederum zu einem Mobilitätsverhalten zwingen, das Ressourcen verschwendet.

Internationale Verbrauchskurven zeigen leider die Gültigkeit des „Rebound-Effekts“. So ist durch effiziente Ressourcennutzung noch sehr selten wirklich eine Umweltentlastung entstanden. Keine Wunder, scheint dabei doch eine grundsätzliche menschliche Verhaltensweise beteiligt zu sein. Denn derselbe psychologische Effekt ist auch aus anderen Bereichen bekannt. Etwa aus dem Schisport: Wer mit Schihelm unterwegs ist, neigt statistisch gesehen zu einer riskanteren Fahrweise, da fälschlicherweise das subjektive Sicherheitsgefühl die realen Gefahren unterschätzen lässt. Freilich: die einzige Lehre, die daraus zu ziehen ist, ist jene, trotz Helm risikobewusst zu fahren und nicht, auf den Helm zu verzichten. Und trotz Photovoltaikanlage ungenützte Lichtquellen abzudrehen. Die Einführung der Gurtenpflicht beim Autofahren hat letztlich zwar nicht zu sinkenden Unfall-, aber so doch zu sinkenden Verletztenzahlen geführt.

6. HEIZVERHALTEN: HAUPTSACHE WARM?

Aber auch ganz ohne verführerische Energiespartechnik ist das Nutzerverhalten in Wirklichkeit eines der Kernpunkte rund um das Gelingen einer Energiewende. Wie unterschiedlich sich einzelne Verbrauchertypen abseits aller Durchschnittswerte auf den Energieverbrauch im Einzelnen auswirken, wissen zum Beispiel große Immobiliengesellschaften vom Heizverhalten ihrer Mieter. In Studien finden sich Messergebnisse, die unter ansonsten identen Voraussetzungen bei Gebäude- und Heiztechnik Unterschiede in der Größenordnung von bis zu 1:9 nahelegen.

In absoluten Zahlen: Der Wärmebedarf zwischen sparsamster und verschwenderischster Wohnung schwankte bei einer Untersuchung einer großen ostdeutschen Wohnhausanlage mit rund 356 Wohneinheiten zwischen 70 und 655 Kilowattstunden je Quadratmeter Wohnfläche und Jahr (kWh/m^2/a). Die Anlage ist ein schlecht gedämmter Altbau und wurde in den 1950er-Jahren erbaut. Äquivalente Messungen in Niedrigenergiehäusern ergaben allerdings dieselbe Spreizung, nur auf niedrigerem Niveau (von 16 bis 148 kWh/m^2/a). Selbst wenn man die extremsten Werte ausklammert, weil hier wohl eher ein untypisches Wohnverhalten für die Unterschiede verantwortlich ist (etwa: längere Urlaube, kaputte Fenster ...), bleiben im mittleren Drittel der untersuchten Wohneinheiten Unterschiede von 80 bis 100 Prozent.

Nicht nur, dass das eigene Nutzerverhalten etwas bewirkt – manchmal auch das der Nachbarn. Ob die anliegenden Wohneinheiten geheizt werden, oder nicht, kann beim eigenen Heizenergiebedarf bis zu 40 Prozent Unterschied ausmachen.

Das können Sie glauben

- Lassen Sie sich durch Energiesparmaßnahmen nicht zur Energieverschwendung verführen.
- Der Effekt heißt „Rebound-Effekt", wird wissenschaftlich untersucht und kostet durchschnittlich 10 bis 20 Prozent der möglichen Effizienzsteigerung. Auch im Geldbörsel.
- Die technische Machbarkeit vieler Effizienzmaßnahmen ersetzt nicht die für eine wirkliche Energiewende notwendige Verhaltensänderung, sie unterstützt sie bestenfalls. Diese kann etwa bei Heizkosten einen Unterschied von bis zu 100 Prozent ausmachen

Quellen

Umweltberatung Wien/Niederösterreich, Energieforschungszentrum UKERC, IPCC, International Ressources Group, International Energy Agency

7. WÄRME AUS DER FERNE?

Mit zunehmender Wohnraumsanierung gerät der stark geförderte Industriezweig Fernwärme in die Zwickmühle.

Zugegeben, bequem ist es ja. Man muss keinen eigenen Heizungsraum bauen und sich mit Installateuren herumärgern. Man braucht sich nicht um irgendwelche Pelletslieferungen zu kümmern. Und man muss sich nicht monatelang fragen, wann denn der geeignete Zeitpunkt für die Bestellung des winterlichen Heizölvorrats wäre – um dann nach Beobachten der internationalen Erdölmärkte und Börsecharts der Ölmultis sowie der Befragungen der Energieexperten des mittleren und ferneren Bekanntenkreises erst recht den Jahreshöchststand beim Preis für Heizöl Leicht zu erwischen. Wer seine Wohnung oder sein Haus mit Fernwärme heizen kann, hat den geringsten Aufwand aller möglichen Heizungssysteme. Und: Jahrelang galt ein Fernwärmeanschluss als eines der effizientesten und ökologischsten Heizsysteme schlechthin.

Das ist es immer noch – allerdings mischen sich neuerdings auch ein paar Misstöne in die Lobeshymnen. Denn nicht immer und überall sind die ökologischen und ökonomischen Vorteile einer zentral gesteuerten Heizungsorganisation für mehrere Wohneinheiten auch wirklich lukrierbar. Es scheint, dass aus ideologischen Gründen in der Propaganda für Fernwärme auch übers Ziel hinaus geschossen wurde. Schuld daran sind – ausgerechnet – die Energiespar-Appelle aus Politik und Öko-Establishment, die vor allem im Bereich Raumwärme langsam zu greifen beginnen. Die grundsätzliche Krux: Je ernsthafter der Raumwärmebedarf reduziert wird, um Primärenergie zu sparen, umso weniger rentieren sich Fernwärmenetze. Bei niedrigem Wärmebedarf sind die relativen Leitungsverluste von Fernwärmenetzen und die Errichtungskosten zu hoch. Sowohl Fernwärmenetze als auch Wohnraumsanierung werden mit gleicher Vehemenz von der öffentlichen Hand gefördert – was durchaus schizophrene Züge aufweist.

Das Problem erkannten etwa ganz aktuell die beiden deutschen Hochschulprofessoren der Fachhochschule Wolfenbüttel/Braunschweig, Dieter Wolff und Kati Jagnow, die Mitte 2011 eine „Untersuchung von Nah- und Fernwärmenetzen" vorstellten: „Tatsächlich sind die Anschlusswerte und Liefermengen von Fernwärme in den letzten Jahren rückläufig, weil die verbesserte Wärmedämmung der Gebäude, die Effizienzsteigerung der Hausanlagentechnik zu einem Rückgang der Nachfrage geführt hat; dies, obwohl Netzlänge und Zahl der Übergabestationen ausgebaut wurden …". Ihre Erkenntnisse aus der Untersuchung einer handvoll kleinerer Fernheizsysteme in Deutschland sind dramatisch: Selbst in (kleineren) Städten rentiert sich ein Fernwärmenetz nicht mehr, wenn die spezifische Kennziffer der Häuser/Wohnungen unter 80 $kWh/m^2/a$ sinkt. Dieser Wert ist allerdings nicht besonders niedrig: Er ist etwa das Doppelte des Standards eines Niedrigenergiehauses, das zum Ziel aller öffentlichen Energiestrategieüberlegungen auserkoren wurde und mit halbwegs guter Dämmung leicht zu erreichen ist. In kleineren Versorgungsgebieten empfehlen sie sogar den Rückbau bestehende Netze.

Fernwärmeausbau in Frage gestellt. Auch in landesweiter Betrachtung sollte man allzu ehrgeizige Ausbaukonzepte für Fernwärme in Frage stellen. So gehen die Prognosen der deutschen Energiestrategie für das Jahr 2050 von einem Wärmeenergieeinsatz von 2918 Petajoule/Jahr für ganz Deutschland aus. Im Jahr 2010 waren es noch 4973. Kein Wunder, dass etwa die Stadt Frankfurt bereits den Fernwärme-Anschlusszwang für Passivhäuser aufgehoben hat. In Österreich dürfte die Entwicklung ähnlich sein. Noch steigen zwar die publizierten Verkaufswerte bei Fernwärme – aber wie lange noch? Die Österreichische Energiestrategie sieht eine zehnprozentige Reduktion des Raumwärmebedarfs bis 2020 vor. Die Wirtschaftskammer geht in ihrer Fernwärmestudie von einer Reduktion des

Raumwärmebedarfs bis 2030 von 349 Petajoule pro Jahr auf 247 Petajoule pro Jahr aus, das sind immerhin 29 Prozent weniger. Gleichzeitig wird sich aber die Heizanlagendichte erhöhen – von zwei auf etwa drei Millionen, hauptsächlich getrieben von neuen Solar- und Holzheizungen (Pellets, Hackschnitzel). Das heißt: eher weniger als mehr zu tun für die Fernheizer.

Das hat auch Auswirkungen auf die Strategie vieler Kraftwerkserrichter, die sich bisher darauf verlassen konnten, einen Teil ihrer Erträge aus der Auskopplung und dem Verkauf von Wärme zu lukrieren. Doch schon jetzt ist ein deutlicher Kapazitätsüberschuss bei heimischen Kraftwerken und Abwärmeproduzenten zu erkennen: Laut des Fachverbandes Gas/Wärme liegt der gesamte Fernwärmeabsatz in Österreichs Wohn- und Bürogebäuden bei rund 13.000 Gigawattstunden, noch einmal rund 10.000 Gigawattstunden verbrauchen Industriebetriebe (etwa Papierindustrie). Die Produktionskapazität aller Stromkraftwerke in Österreich mit KWK-Kopplung beträgt im Jahr aber rund 40.000 bis 50.000 Gigawattstunden (installierte Leistung: 5642 mW), reine Abwärmepotentiale etwa aus der Müllverbrennung kommt noch dazu.

Teilweise ließe sich in dichten, industriell geprägten Versorgungsgebieten der Rückgang der Nachfrage nach Fernwärme zwar auch durch Fernkälte (die im „Kühlschrankprinzip" auch mit Wärme funktioniert) ersetzen (Klimaanlagen). Die ersten Problemsymptome der Branche allerdings sind schon erkennbar.

- Immer mehr kleine, mit Biomasse befeuerte Fernheizkraftwerke schlittern in den Konkurs, weil die ursprünglich kalkulierte Wärmenachfrage nicht zustande kommt (Beispiel Allentsteig, NÖ).
- Die Fernwärme Wien (Österreichs größter Netzbetreiber) etwa muss extra ein neues Tarifmodell für hoch gedämmte Passivhauswohnanlagen kalkulieren. Es kam zu Protesten, weil dort dem Grundpreis für den Anschluss in der Höhe von mehreren hundert Euro pro Jahr nur mehr Verbrauchskosten von 50 bis 60 Euro gegenüberstanden.
- Bürgermeister kleiner Gemeinden führen einen Anschlusszwang entlang der Fernwärmetrassen von Biomasseheizkraftwerken aufgrund der vorhandenen Überkapazitäten ein.
- Der Verein für Konsumenteninformation hat in einem Heizkostenvergleich berechnet, dass bei geringer Heizlast eines Niedrigenergiehauses sogar eine sonst als eher teuer einzustufende Stromheizung günstiger wäre (2006).
- Die Salzburg AG startete das Forschungsprojekt OPTRES, das den zukünftigen Wärmebedarf der Stadt erheben sollte – um die Ausbaustrategie für Fernwärme festlegen zu können – und kam zu dem „überraschenden" Ergebnis, dass der Wärmebedarf in den nächsten Jahren sinken wird und der Ausbau nur mehr in den wenigsten Gebieten sinnvoll erscheint.
- Der Stromregulator der E-Control befürchtet einen massiven Überschuss an Fernwärmekapazitäten durch neue große Gaskraftwerke.

Das können Sie glauben

- Fernwärme ist prinzipiell eine ökologisch und ökonomisch gute Lösung – solange genug Abnehmer in räumlich enger Nachbarschaft zum Wärmelieferanten vorhanden sind.
- Die zunehmende Sanierung von Gebäuden reduziert den Raumwärmebedarf signifikant – viele Fernwärmenetze haben Überkapazitäten. In Summe bleibt schon jetzt ein Drittel der Wärmekapazitäten aus Kraftwerken ungenutzt.
- Die öffentliche Förderpraxis ist schizophren – denn sowohl der Ausbau von Fernwärme, als auch die Sanierung von Wohnraum werden subventioniert.

Quellen
Fachhochschule Wolfenbüttel/Braunschweig, Salzburg AG, E-Control, VKI, Wiener Zeitung v 31.3.2011, Kleine Zeitung v. 8.4.2011, Energiereferat Frankfurt/Main, EVN AG, Statistik Austria, Wirtschaftskammer Österreich, Fachverband Gas/Wärmev

8. STROMAUTOBAHN FREI?

Gerade die Energiewende ist ein Argument gegen den teuren Ausbau von Hochspannungsleitungen.

Die Meldungen überschlugen sich, als die Deutsche Energieagentur Ende 2010 den Bedarf an neuen Stromleitungskapazitäten für den Ausbau der Windkraft im Norden Deutschlands berechnete. Zuerst war von sechs Milliarden Euro die Rede. Ein Monat später waren es schon „mindestens zehn Milliarden". Wieder ein halbes Jahr später schon „bis zu 13 Milliarden". Insgesamt 3600 Kilometer neue Hochspannungsleitungen (380 KV) wollen die Energieversorger über die Landschaft spannen. Brave Energiekonsumenten schauderten und stellten sich pflichtgemäß schon mal auf höhere Stromtarife ein. Irgendwer muss das ja bezahlen, und die Energiewende wollen alle.

Allerdings – die absolute Notwendigkeit dieser Ausbaupläne ist durchaus anzuzweifeln, denn die Ausbaupläne gelten nur, wenn in der alten Kategorie der **zentralisierten Energieversorgung** gedacht wird. Und die heißt: Wenige große Kraftwerke stellen die Energie bereit, die dann übers Land verteilt wird. So etwa von der für Hochspannungsnetze zuständigen Verbund-Tochter APG. Sie rechnet mit neun zentralen Kraftwerksregionen in Österreich und ruft in ihrem Masterplan Stromnetze zum „Lückenschluss des 380-KV-Rings" in Österreich auf. Das Problem der Großkraftwerke gilt durchaus auch für „grüne" Technologien, wie Windkraft (Offshore-Kraftwerke) oder Sonnenkraft (Projekt „Desertec", das Photovoltaikstrom aus Afrika bis nach Europa transportieren will).

Zu dieser relativ simplen Strategie der großen Energieversorger gibt es aber dutzende Alternativen. In Wirklichkeit etwa geht man – laut Universität Paderborn, Fachbereich Elektrotechnik und Informationstechnik – bei der nachhaltigen Energiewende zunehmend von **dezentraler Energieversorgung** aus: Viele kleine Einheiten (etwa „Hauskraftwerke"), die verbrauchernahe Energie erzeugen. Das würde den Ausbaubedarf für ganz große Übertragungsnetze erheblich einschränken, wenn nicht sogar fürs erste obsolet machen, schreibt etwa der deutsche Verband für Elektro- und Informationstechnik (VDE) in einer Studie. Darin wird das Potential dezentraler Stromversorgung mit immerhin 10-20 Prozent des Stromabsatzes insgesamt beziffert.

Auch bestehende Netze können durchaus noch effizienter gemacht werden, ohne gleich über tausende Kilometer störende Masten für Überlandleitungen in die Landschaft zu knallen. Nur ein technisches Beispiel: Alleine eine effiziente Temperaturüberwachung der Netzkabel würde schon die Leitungskapazität um bis zu 50 Prozent erhöhen, kommt etwa eine Untersuchung im Auftrag des deutschen Bundesumweltministeriums zum Schluss. Das würde die dringendsten Leitungsprobleme großer Windparks lösen, die bei großem Windaufkommen Leistungsspitzen produzieren, welche die Kabel thermisch überlasten könnten.

Oder: Statt in große Überlandleitungen zu investieren, könnten auch die lokalen Verteilernetze aufgerüstet werden. Es ist nämlich diese Netzebene, auf der das Zusammenspiel vieler kleiner Biomasse, Wind- oder Photovoltaikstrom-Einspeiser zu so genannten „virtuellen Kraftwerken" sichergestellt wird. Diese so genannten „smart grids" können ganz flexibel Spannungsschwankungen auf lokaler Ebene ausgleichen – etwas, das bisher eher mittels Großkraftwerken überregional vorgenommen wird.

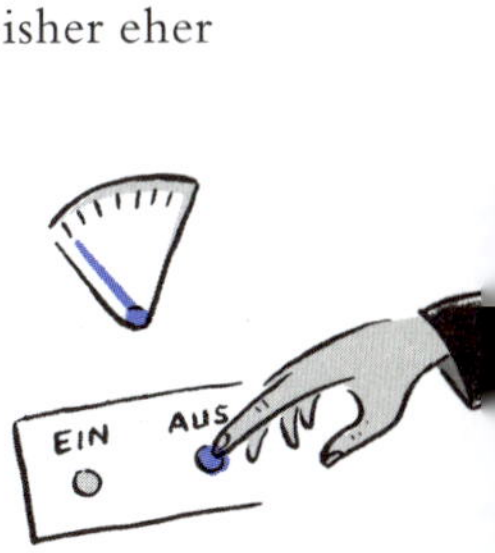

Geld fürs Abschalten. Dieses lokale und durch Computer und Telekommunikation gestützte Energiemanagement („Smart Metering") kann ziemlich kreativ ausfallen. So verdient die Münchner Brauerei „Paulaner" Geld damit, dass sie ihren Stromversorgern das zeitweilige Recht eingeräumt hat, den Strom abzuschalten oder die Leistung zu verringern. In diesen Zeitfenstern wird dann Weißbier gebraut, das ohnehin kaum stromfressenden Kühlbedarf hat. Noch kreativer – aber noch Zukunftsvision: So etwa könnte eine Vielzahl von Batterien aus Elektroautos, die in der Nacht ungebraucht am Stromnetz hängen, bei intelligenter computergesteuerter Regelung als kurzzeitiger Puffer für das Management anderer Kraftwerkskapazitäten herangezogen werden.

All diese Technologien würden den notwendigen Ausbau von Hochspannungsnetzen auf ein verträgliches Maß schrumpfen. Ganz ohne neue Masten wird es aber nicht gehen. Denn dass tatsächlich ein paar Lücken in den Übertragungsnetzen geschlossen werden müssen, steht außer Streit. Auch können dezentrale und zentrale Strukturen durchaus nebeneinander bestehen bleiben. Aber dies rechtfertigt nicht die Strategie mancher Energieversorger, große Erzeugungskapazitäten zentral in die Gegend zu klotzen und hinterher Leitungsengpässe zu beklagen. Nicht, dass die dezentrale Ausbauversion für den Endkonsumenten billiger wäre – aber die notwendigen Investitionen gingen in ganz andere Technologien. Allerdings werden diese von den Energiemonopolisten weniger beherrscht, obwohl sie die Umwelt deutlich entlasten und sozial verträglicher wären.

Das können Sie glauben

- Die Energiewende ist ohne Investitionen in Stromnetze wohl kaum machbar.
- Allerdings betreffen diese eher das lokale Verteilernetz und die Einrichtung intelligenter Steuerungselektronik, die viele lokale Kleinkraftwerke zu „virtuellen Kraftwerken" zusammenspannt.
- Der Ausbau teurer Überlandleitungen hingegen dient vor allem der Effizienzsteigerung von Großkraftwerken – sowohl herkömmlicher als auch erneuerbarer Primärenergieträger. Aber weniger der Versorgungssicherheit der Stromkonsumenten.

Quellen

Deutsche Energieagentur, ATW-Forschung, Spiegel online, Bundesverband Energie- und Wasserwirtschaft, IG Windkraft, BEWAG, Salzburg AG, Paulaner, VDE Verband der Elektrotechnik Elektronik Informationstechnik e.V., Wikipedia, Umweltberatung W/Nö, Universität Paderborn, Fachbereich Elektrotechnik und Informationstechnik, Österreichs Energie, E-Control, APG

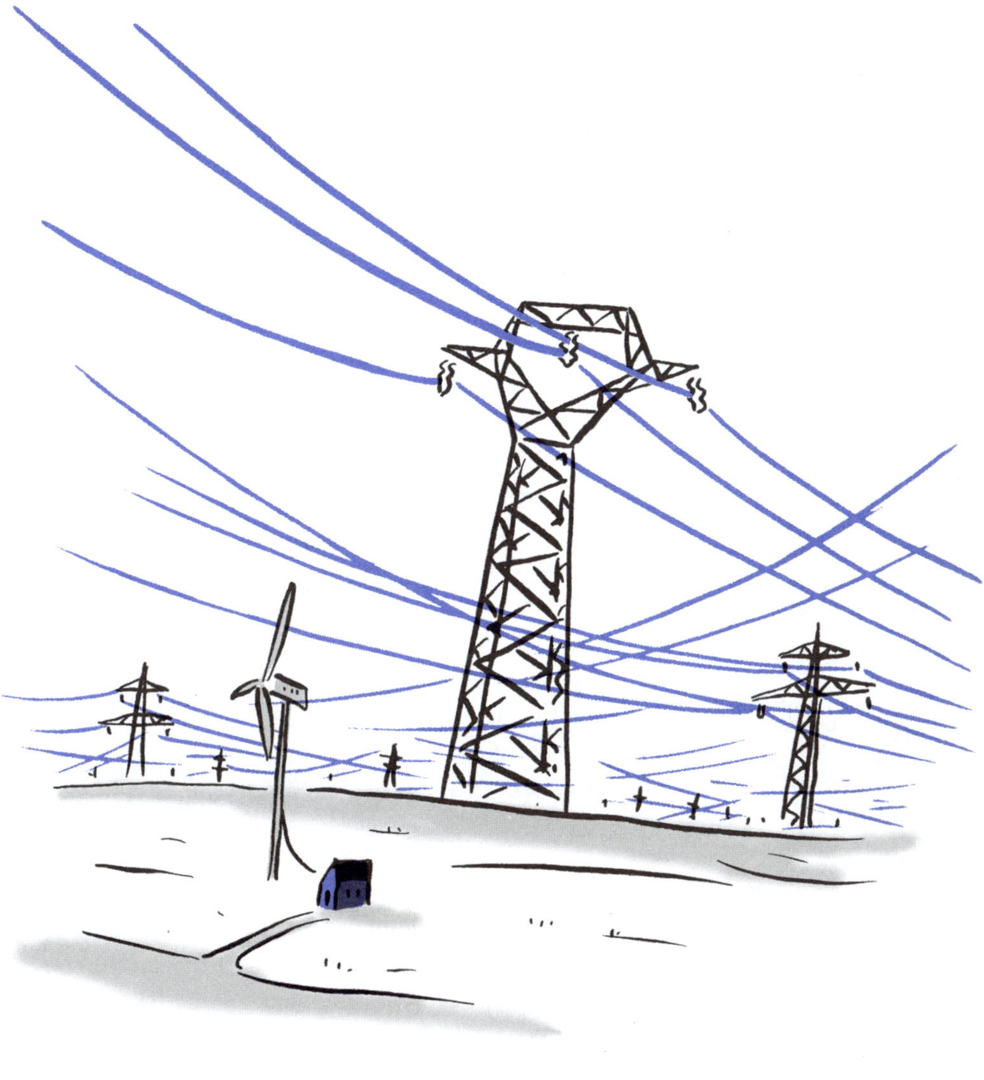

9. WIR VERBRAUCHEN IMMER MEHR ENERGIE?

Weltweit hat sich die Steigerung verlangsamt. In Österreich ist sogar ein Rückgang zu erwarten.

Die doch etwas bescheiden ausgeprägte Fähigkeit der Menschheit, in Kristallkugeln lesen zu können, öffnet auch im Bereich der Energieverbrauchsprognosen allen möglichen Spekulationen Tür und Tor. Ihnen gemeinsam ist aber das scheinbare Paradigma, dass der Weltenergiebedarf unausweichlich wachsen wird, immerhin wachse die Weltbevölkerung und der technologische Fortschritt verschlinge in den Schwellenländern immer mehr Energie. Das klingt durchaus plausibel und fast überall dient dieses Szenario auch als willkommenes Argument für einen weiteren Ausbau an Produktionskapazitäten, die Energie in konsumierbarer Form bereitstellen: Raffinerien, Kraftwerke, Pipelines, Bohrlöcher.

Tatsächlich allerdings muss dies differenziert betrachtet werden. Denn was für die Welt als Ganzes gilt, kann lokal ganz anders ausschauen. Etwa für Österreich: Dass der Energiebedarf wachsen wird, ist keineswegs ausgemachte Sache. Im Gegenteil: Es ist eher ein Sinken zu erwarten. Darauf weist etwa eine Studie der Energy Agency aus dem Jahr 2010 hin. Die Experten hatten im Auftrag der E-Wirtschaft eine Prognoserechnung bis zum Jahr 2050 erstellt. Und kamen auf – auch für die Auftraggeber – überraschende Ergebnisse.

So etwa erwarten die Experten in Österreich im Jahr 2050 einen Gesamt-Endenergieverbrauch von – nur – 1040 Petajoule. Das liegt innerhalb des Stabilisierungszieles, welches die offizielle Energiestrategie Österreichs bis 2020 vorsieht (1100 PJ) und keineswegs ein Wachstum, sondern ein Rückgang unter dem Verbrauch von 2005: Damals lag dieser bei 1120 Petajoule.

Die Prognose der Experten gilt unabhängig von den betrachteten Szenarien – selbst ein Erdölpreis von rund 200 Dollar pro Barrel wurde eingerechnet, eine Naturkatastrophe oder die Untätigkeit der verantwortlichen Energiepolitiker (was, nur nebenbei, als wahrscheinlichstes Szenario ausgewiesen wurde). In diesem Fall würde der Endenergieeinsatz sogar am unteren Ende der Spanne liegen. Den signifikantesten Anteil am Rückgang haben Einsparungen und Effizienzsteigerungen im Bereich der Haushalte – da können wir uns auf die Schulter klopfen.

Und noch eine zweite Erkenntnis hatten die Experten, die eines der Hauptargumente der E-Wirtschaft in einem etwas anderen Licht erscheinen lässt: Elektrische Energie wird zwar einen höheren Stellenwert im Energieträgermix bekommen. Von derzeit 19 Prozent soll er auf bis zu 30 Prozent im Jahr 2050 ansteigen. Das allerdings ist nur ein Teil der Erkenntnis (und der, den die Strombosse gerne publizieren). Weil nämlich der Energieverbrauch insgesamt zurückgeht, fällt auch der steigende prozentuelle Anteil der elektrischen Energie daran nicht besonders hoch aus. In absoluten Zahlen bedeutet das einen maximalen Anstieg von rund 10.000 Gigawattstunden bis zum Jahr 2050. (Österreich verbraucht derzeit rund 58.000 gWh Strom im Jahr), oder einen **Stromzuwachs von maximal 0,4 Prozent im Jahr**.

Das ist nicht nur deutlich weniger als bisher argumentiert, sondern wirft die Langfristplanung der E-Wirtschaft ziemlich über den Haufen – man ging nämlich von einem weit höheren Zuwachspotential von bis zu zwei Prozent jährlich aus. Denn alleine die jetzt bereits in Bau, Planung oder Genehmigung befindlichen Kraftwerksprojekte werden bereits 30 Jahre vor der erwarteten Verbrauchsspitze laut Studie im Jahr 2050 – also bis zum Jahr 2020 – rund das Doppelte an (19.000 gWh) Strom liefern (zu zwei Drittel Wasserkraft und einem Drittel Wärmekraft).

10. MEHR STROM WEGEN E-AUTOS?

Und das ist noch gut gerechnet, denn der von der Energy Agency vorausberechnete Strompeak hängt alleine von einem sehr visionären Anteil von 2,5 Millionen Elektroautos (Marktdurchdringung auf 60 Prozent) im heimischen Fuhrpark ab. Derzeit sieht es nicht danach aus. Bis zum Jahr 2020 sind es noch gute acht Jahre. Und im vergangenen Jahr wurden gerade mal 1248 Elektroautos angemeldet. Ohne Elektroautos allerdings gibt es so gut wie gar keinen Stromverbrauchszuwachs in Österreich. Denn die Privathaushalte werden eher weniger verbrauchen, detto der Dienstleistungsbereich. Lediglich der produzierende Bereich (Industrie) weist ein kleines Plus auf. Kein Wunder, dass die Studie schnell in den Schubladen der Auftraggeber verschwand.

Bittere Konsequenz dieser – an sich für Klimaschutz, Konsumenten und Erneuerbare-Energie-Branche erfreulichen – Entwicklung für die Energiewirtschaft in Österreich: Der Bau und die Planung neuer Kraftwerke, neuer Fernheizwerke, neuer Pipelines und neuer Raffinerien sollte gut überdacht werden, um nicht **Industrieruinen in der Landschaft** zu hinterlassen. Zumindest sollte politisch das Ungleichgewicht diskutiert werden, wenn durch die notwendigen Energieexporte (etwa, weil Deutschland seine Atomkraftwerke abschaltet...) ein Ungleichgewicht zwischen heimischer öffentlicher Belastung (Landschaftsbild, CO_2-Emmissionen, ...) und unternehmerischem Gewinn einzelner, eventuell gar nicht einmal österreichischer Eigentümer (Börse) entsteht.

Weltweit gesehen sind die Befunde durchaus unterschiedlich. Der aktuellste BP-Energiereport 2011 diagnostizierte zuletzt wieder einen Anstieg des Weltenergieverbrauchs um 5,6 Prozent von 2009 auf 2010. Die Internationale Energieagentur (IEA) hingegen revidierte in ihrem „World Energy Outlook" 2010 ihre Zukunftsprognosen zum jährlichen Energieverbrauchzuwachs, den sie zuvor jahrelang mit rund zwei Prozent jährlich angenommenen hatte, auf 1,2 Prozent – das wäre also eine Kürzung um beinahe ein Drittel. Einig sind sich beide, dass dieser Zuwachs, wie groß auch immer, hauptsächlich auf die Nicht-OECD-Länder zurückzuführen ist. Das heißt – auch anderen entwickelten Staaten geht es wie Österreich: Der

Energieverbrauch stagniert – oder wächst viel langsamer als noch vor wenigen Jahren befürchtet.

Dass ein steigender Stromverbrauch kein Naturgesetz ist, hat zuletzt Kalifornien bewiesen. Der Pro-Kopf-Verbrauch an elektrischer Energie liegt bei rund 7000 Kilowattstunden pro Jahr – das ist etwa der Wert der Schweiz – und das seit mehr als 20 Jahren. Stromfirmen bekommen einen wirtschaftlichen Anreiz, ihren Kunden beim Stromsparen zu helfen. In Österreich wirken derartige Versuche eher unglaubwürdig – welcher Energielieferant kann hierzulande tatsächlich ernsthaft daran interessiert sein, dass seine Kunden das gelieferte Produkt weniger nachfragen?

Das können Sie glauben

- Der weltweite Energieverbrauch wächst um ein Drittel langsamer als in den vergangenen Jahren. In entwickelten Ländern (OECD) stagniert er sogar. In Österreich gehen Experten von einem Rückgang aus.
- Speziell der heimische Strombedarf wird bis 2050 nur dann wirklich steigen, wenn Elektroautos rund 60 Prozent Marktanteil haben (2,5 Millionen Elektroautos). Sonst ist eine Stagnation zu erwarten, sagt die Energy Agency Austria.
- Heimische Kraftwerksprojekte allerdings werden bereits bis zum Jahr 2020 fast 20.000 Gigawattstunden Strom zusätzlich liefern. Das übersteigt den prognostizierten Verbrauchszuwachs bei weitem. Aus diesem Grund puscht die E-Wirtschaft die E-Mobilität.

Quellen

Verbundgesellschaft, Energie Österreichs, California Public Utilities Commission, Energy Agency Austria, IEA

11. ERDGAS-BYPASS NABUCCO?

Die hohen Investitionskosten für die Gas-Pipeline zwingen Österreich in verstärkte Abhängigkeit von fossilen Energieträgern aus politisch instabilen Regionen.

Es klingt so einfach: ist eine Leitung verstopft, baut man eine zweite und alles ist wieder gut. Nicht viel intelligenter ist das Konzept eines der ehrgeizigsten Vorhaben der europäischen Erdgasindustrie, der Bau der Gaspipeline Nabucco, tatsächlich benannt nach einer Verdi-Oper, die die Gründungsmitglieder des Nabucco-Konsortiums 2004 unter der Führung der OMV nach Vertragsunterzeichnung in Wien besuchten. Um die relativ stark von Russland abhängige Gasversorgung der europäischen Energieversorger – die durch ein kurzfristiges Stilllegen der Gaslieferungen durch die Ukraine im Winter 2009 auch in Österreich unangenehm spürbar wurde – zu diversifizieren, möchte man eine alternative Pipeline bauen, die erstens Erdgas aus dem arabischen Raum bis nach Europa transportieren kann und zweitens nicht über russisches Territorium verläuft. 200.000 Rohe aus 2 Millionen Tonnen Stahl, 3300 Kilometer lang. Damit wäre – so die Theorie – sowohl die starke Position Russlands beim Erdgas-Aufkommen, als auch die der Ukraine bei der Durchleitung zumindest aufgeweicht. Damit wiederum wäre auch das starke Preisdiktat Russlands gemildert, was in Europa insofern wichtig ist, als Energieexperten von einer stark steigenden Nachfrage nach Erdgas ausgehen. Insbesondere für Gaskraftwerke nach dem Ausstieg aus der Atomkraft.

Alleine – die Theorie hat mehrere Haken, um nicht zu sagen, da wird von den befürwortenden und beteiligten Energieversorgern (OMV, MOL, Transgas, Bulgargaz, BOTAS, RWE) eine Energiesparlüge aufgetischt, die zwar viel mit deren Geschäftsmodellen, aber wenig mit den tatsächlichen Bedürfnissen europäischer Bürger zu tun hat. Denn während die traditionellen Energielieferanten OMV, MOL oder RWE eventuell tatsächlich alternative Gaslieferanten brauchen, hätten die europäischen Bürger auch

noch ganz andere Alternativen – nämlich alternative Energieträger. Weil diese aber wiederum nicht ins Konzept der Öl/Gasfirmen passen, stellen diese mit Vehemenz die eigenen geschäftlichen Interessen über jene der EU-Bürger.

Eventuell lässt sich durch Nabucco tatsächlich das Liefermonopol Russlands aufweichen – obwohl auch dies unsicher ist, zumal die Menge, die durch Nabucco bestenfalls fließen könnte (31 Milliarden m^3, Endausbau) im niedrigen einstelligen Prozentbereich des europäischen Bedarfs (knapp unter 500 Md m^3) liegt und somit nur schlecht dazu geeignet ist, wirklich Preisdruck zu erzeugen. Vor allem aber löst sie das Grundproblem nicht: die Abhängigkeit von fossilen Energieformen insgesamt – im Gegenteil, die wird stärker: Denn die hohen Errichtungskosten zwingen Europa geradezu in die Abhängigkeit von dem Energieträger Erdgas. Denn damit sich die Pipeline irgendwann rentiert, muss der Erdgasverbrauch in Europa lange Jahre auf steigendem Niveau gehalten werden.

Kostenexplosion. Schon 2010 wurden rund 7,9 Milliarden Euro an Errichtungskosten für Nabucco veranschlagt – das waren damals doppelt so viel, wie zu Beginn geschätzt. Zu Beginn 2011 allerdings wurden Schätzungen des

Erdölkonzerns BP bekannt, der das Projekt auf bis zu 14 Milliarden Euro schwer kalkulierte. BP hätte massives Interesse an der Pipeline, ist es doch Entwickler eines jener Gasfelder (Shah DenizII), die Gas in die Pipeline liefern sollten. EU-Energiekommissar Günter Oetinger bestätigte die Rechnung und erhöhte auf bis zu 15 Milliarden. Und da sind wohl noch nicht die ganzen Kosten enthalten, betreffen die bisherigen Kalkulationen nur den Teil der Pipeline bis zum Kaspischen Meer (Baku). Weil sich aber die ursprünglich geplanten Lieferländer diesseits (Iran, Irak, Aserbeidschan) als alles andere als sichere Handelspartner herausstellen, will man auch ans andere Ufer, nach Turkmenistan, Usbekistan, Kasachstan. Die Kosten und die rechtlichen Verhältnisse der Meeresdurchquerung allerdings sind in den bisherigen Schätzungen noch gar nicht enthalten. Kein Wunder also, dass sich auch der Beginn der beabsichtigten Gaslieferungen immer weiter nach hinten verschiebt: statt 2011, wie ursprünglich geplant, will das Nabucco-Konsortium nun 2017 erstmals mit Gaslieferungen beginnen können.

Das wäre immer noch unternehmerisches Risiko, würden nicht die Konsorten massive Finanzierungshilfen von der europäischen Zentralbank einfordern – und bekommen. Immerhin bis zu vier Milliarden Euro an Krediten sollten von der EBRD und der EIB zu Verfügung gestellt werden. Öffentliche Steuergelder, die unter Umständen anderswo investiert zwar nicht das Geschäftsfeld von OMV und Co subventionieren, aber die Interessen der Bürger um ein nachhaltiges Energiesystem berücksichtigen würden.

Die Anstrengungen wären unter Umständen anderswo tatsächlich besser investiert, denn die Unsicherheiten des EU-Prestigeprojektes sind an allen Ecken und Enden wirtschaftlich gar nicht mehr kalkulierbar. Das beginnt mit dem Problem, die für die Einspeisung notwendigen Erdgasmengen überhaupt vertraglich absichern zu können, selbst wenn man angeblich mit 14 Md m^3 das Auslangen finden würde. Lange Gasverträge, wie ursprünglich geplant, sind mittlerweile nicht mehr abschließbar. Den Irak als Hauptlieferant für Erdgas einzuplanen ist politisch mehr als kühn. Die Erdgasländer sind auf Europa keinesfalls angewiesen – die Trans Afghanistan Pipeline (TAP, die Buchstabenfolge bezeichnet auch eine geplante Trans-Adriatic-Pipeline) – soll Erdgas in die andere Richtung nach Pakistan und Indien liefern.

Die Konkurrenzsituation beim Produkt Erdgas selber hat sich in den vergangenen Jahren seit Start des Nabucco-Plans so verändert, dass trotz erhöhtem Erdgasbedarf die Spotmarktpreise eher am Sinken sind: Da geht es um die verstärkte Förderung von Schiefergas (aus Amerika, in Europa: Polen) bei der Erdgas aus Gesteinsporen gepresst wird – allerdings unter ökologisch sehr fragwürdigen Umständen. Es geht um die verstärkten Umschlagmöglichkeiten für Flüssiggas (wird per Schiff transportiert). Auch die russische Alternative zu Nabucco, die „South Stream"-Pipeline sorgt für Konkurrenz um den Rohstoff. Und nicht zuletzt lassen auch die Möglichkeiten von Biogas der zweiten Generation, das synthetisiert durchaus durch Erdgasleitungen transportiert werden könnte, ein stures Festhalten an der „Erdgasbrücke", wie es das Konsortium poetisch nennt, eher als Hasard erscheinen.

Das können Sie glauben

- Die Nabucco-Pipeline verringert weder die Abhängigkeit von russischem Erdgas maßgeblich, noch jene Österreichs von fossilen Energien grundsätzlich. Und sie ist Teil einer Energiestrategie, die noch auf alte Versorgungsstrukturen setzt.

- Durch die hohen Investitionskosten von 15 Miliarden Euro und mehr erhöht Nabucco im Gegenteil die Abhängigkeit Österreichs von politisch äußerst instabilen Regionen zwischen Irak, Iran und Kaspischem Meer, den neuen Lieferantenländern.

- Die Wirtschaftlichkeit des Projekts ist nur mit hohen öffentlichen Förderungen und langem Festhalten an der Erdgasnutzung aufrechtzuerhalten. Es berührt im Wesentlichen mehr die wirtschaftlichen Interessen der beteiligten Firmen, als die Interessen der Bevölkerung an einer Umstellung der Energieversorgung in Richtung nachhaltiger Energieträger.

Quellen

FAZ.Net, Nabucco Gaspipelin GmbH, Guardian, economist, E-Control, EVN, energiedienst, inogate, bloomberg

12. ERNEUERBAR IST STEUERBAR?

Österreich fördert auch Ölheizungen, Gaskraftwerke, Atomstrom, Flugtreibstoffe, Dieselfahrzeuge, CO_2-intensive Industrie, ...

Umweltmusterland? Bis zu einem gewissen Grad hat die Bezeichnung seine Berechtigung: Die Luft in Österreichs Großstädten ist durchwegs ohne Atemschutzmasken zu genießen, für Elektrofahrräder gibt es 200 Euro Zuschuss von manchen Gemeinden und die Trennung in den heimischen Mülltonnen zwischen Plastik, Papier, Grünschnitt und Altbatterien funktioniert so radikal wie die zwischen Männern und Frauen in ländlichen Dorfkirchen der Nachkriegszeit. Allerdings – das ist nicht die ganze Wahrheit. Unter anderen Blickwinkeln sehen nämlich die politischen Anstrengungen zur Energiewende ziemlich halbherzig aus. Denn in Wirklichkeit geht das politische Österreich nicht nur recht zögerlich mit den Förderungen für erneuerbare Energien um, sondern schüttet im Gegensatz dazu Förderungen in fossilen und atomaren Bereichen in einem Maß aus, das der politisch grünen Zielsetzung diametral entgegensteht. Dabei sind es oft nicht nur direkt ausgeschüttete Förderungen, sondern auch Steuererleichterungen oder gesetzliche Regelungen, die an anderer Stelle im Energiebereich plötzlich öffentlichen Finanzaufwand hervorrufen.

Beispiel für derartig kontraproduktive Politik gibt es zuhauf. Beginnen wir mit den Beiträgen, die Österreich an das europäische Atomforschungsprogramm EURATOM zahlt, das sind rund 40 Millionen Euro jährlich. Ein massiver Widerspruch zur offiziellen Anti-Atompolitik, der durch die Behauptung, durch EURATOM die Reaktorsicherheit zu erhöhen, nicht wirklich wegargumentiert werden kann.

Oder die weit verbreitete Förderung von Kraft-Wärme-Kopplungen. Das sind Kraftwerke, die die bei der Stromproduktion anfallende Wärme zur Abdeckung einer anderswo anfallenden Wärmenachfrage nutzen können. Diese Technologie hilft zwar, den energetischen Effizienzgrad eines Kraftwerkes zu verbessern, unterscheidet aber weder nach dem eingesetzten Primärenergieträger, noch nach der tatsächlichen Wärmenachfrage. Das führt etwa zu der skurrilen Situation, dass das neue Gas- und Dampfkraftwerk Mellach (Graz) der Verbundgesellschaft mit 16 Millionen Euro öffentlich gefördert wurde, weil es theoretisch bis zu 400 Megawatt Wärmeleistung abzweigen könnte. Die Verbundgesellschaft hat in ihren Businessplänen allerdings jährlich maximal 150 Gigawattstunden Wärme aus dem Kraftwerk Mellach veranschlagt. Das sind lediglich knapp fünf Prozent dessen, was möglich wäre. Das einzige, das sicher steigen wird, sind die CO_2-Emissionen durch die Stromproduktion des überdimensionierten Kraftwerks. Sozusagen öffentlich geförderte CO_2-Emissionen.

Geförderte Ölheizungen. Wer übrigens glaubt, dass der Einbau eines Ölheizkessels nur Privatvergnügen ist, irrt. Über die Wohnbauförderung der Bundesländer etwa werden jährlich rund 20 Millionen Euro ausgeschüttet, um alte Ölkessel gegen neue zu ersetzen. Eine Maßnahme, die zwar im Moment eine CO_2-Ersparnis bringt (neue Kessel sind meist effizienter), aber alles andere als eine Energiewende einleitet – im Gegenteil, die Abhängigkeit von Erdöl wird auf Jahrzehnte einzementiert. Und das Ausmaß ist enorm – immerhin nutzen rund 900.000 Haushalte in Österreich Ölheizkessel zur Wärmeversorgung.

Anderes Beispiel Mobilität. 2009 vergab die Bundesregierung die Chance, die wie zum Hohn auch noch „Ökoprämie" genannte Verschrottungsprämie für alte Autos an ökologische Kriterien zu binden. Rund 45 Millionen Euro flossen damals in den Fuhrpark von Herrn und Frau Österreicher, zur Hälfte öffentlich finanziert. Das Ergebnis war alles andere als klimaschonend: die PKW-Zulassungsstatistiken schnalzten um 8,8 Prozent in die Höhe. Das Mengenwachstum an Autos machte die geringfügige CO_2-Einsparung durch den Ersatz alter durch neuer Modelle mehr als wett. Teuer war es allemal: Greenpeace berechnete, dass jede Tonne CO_2, die damals vermieden wurde, rund 1000 Euro Förderung kostete. Zum Vergleich: Beim immer noch teuren Solarstrom liegen die Vermeidungskosten für CO_2 bei 150 Euro je Tonne, bei Windenergie bei ca. 20 Euro je Tonne.

Derartige Beispiel ließen sich jede Menge anführen. Der Umweltdachverband hat in einem Überblick die umweltschädlichen Subventionen in Österreich auf jährlich bis zu 4,9 Milliarden Euro geschätzt (siehe Tabelle). Dazu zählen auch die Steuerbefreiungen für den Flugverkehr oder die Rückvergütungsmöglichkeiten großer Industriebetriebe bei Energieabgabe und Ökostromaufwendungen. Dazu zählen aber auch Steuererleichterungen für Private – wie etwa die Pendlerpauschalen, die die Zersiedelung fördern und das Verkehrsaufkommen eher stimulieren, denn reduzieren.

13. KYOTO-ZIEL GRATIS?

Einer der größten Kostenbrocken ist dabei noch gar nicht mitgerechnet. Denn in Wirklichkeit lassen sich auch die misslungenen Anstrengungen rund um die Erreichung des Kyoto-Zieles – minus 13 Prozent Treibhausgas-Emissionen bis 2012 gegenüber 1990 – umgekehrt durchaus als Förderung der heimischen fossilen Energiefraktion verstehen, die mehr oder weniger ungebremst Erdöl, Erdgas und Heizöl verbrennen durfte. Und diese misslungenen Anstrengungen – oder auch unterlassenen intelligenten Regelungen – lassen sich in Geld beziffern: Österreich gibt, um auch nur halbwegs das Kyoto-Ziel zu erreichen, rund 600 Millionen Euro für den Ankauf von 45 Millionen CO_2-Zertifikaten aus. Mindestens. Das bedeutet, dass die Emissionen real nicht gesenkt werden müssen. Österreich kauft diese Zertifikate von Firmen, die ihren CO_2-Ausstoß begrenzen konnten – in den

Kyoto-Ländern würde damit das Ziel erreicht, auch wenn Österreich gleich viel oder sogar mehr CO_2 in die Luft bläst. Laut Schätzungen des Branchen-Nachrichtendienstes Point Carbon wird Österreich bis 2012 nicht 45, sondern 75 Millionen Zertifikate zukaufen müssen. Geld, dass in die Förderung der Energiewende hierzulande wesentlich besser investiert wäre.

Freilich – Österreich ist mit seiner widersprüchlichen Förderpolitik in guter Gesellschaft. In Deutschland etwa wurde laut Forum für Ökologisch Soziale Marktwirtschaft der Strom aus Steinkohle seit 1950 mit insgesamt 330,7 Milliarden Euro subventioniert, jener aus Braunkohle mit 91,2 Milliarden, jener aus Atomstrom mit über 164,7 Milliarden Euro. Und laut Internationaler Energieagentur haben alle Länder dieser Welt die erneuerbaren Energien bisher mit rund 43 Milliarden Dollar subventioniert. Das klingt viel – ist aber nicht einmal ein Zehntel dessen, was die fossile Fraktion erhalten hat: Laut IEA liegt diese Summe bis zum Jahr 2008 bei 557 Milliarden Euro. Auch dieses Bild gibt die tatsächliche Lage nur ungefähr wieder, denn sogenannte externe Kosten, also etwa Folgeschäden, Verlust von Biodiversität, usw. sind dabei noch gar nicht berücksichtigt.

Das können Sie glauben

- Österreich ist keineswegs nur Umweltmusterland. Millionen Euro an Förderungen gehen für umweltschädliche Technologien drauf.
- Das reicht von der Steuerbefreiung für Flugbenzin, über steuerliche Begünstigungen von Dienstwagen, über Ökoförderungen für Großkraftwerke bis hin zu öffentlichen Ausgleichzahlungen privatwirtschaftlicher Klimassünden.
- Weltweit wurden etwa die fossilen Energien bis 2008 mit 557 Milliarden Dollar subventioniert. Die erneuerbaren jedoch bekamen bisher nur rund 43 Milliarden Dollar.

Quellen

Umweltdachverband, Internationale Energieagentur, E-Control, Verbundgesellschaft, Point Carbon, Forum Ökologische-Soziale Marktwirtschaft (FÖS), Greenpeace, Statistik Austria, VCÖ

Subvention	Negative Wirkung	Subventions-Betrag
Kerosinsteuerbefreiung Flugverkehr	Förderung des umweltschädlichsten Verkehrsmittels	**380 Mio.** (2010)
Steuerbegünstigung Diesel	Förderung Verkehrsaufkommen, Feinstaub	**750 Mio.** (2008)
Rückvergütung Energieabgabe, Ökostrom	Begünstigung fossiler Energieträger	**580 bis 680 Mio.** (2008)
Steuerliche Begünstigung Dienstwagen	Förderung von PKWs mit hohem Spritverbrauch	**1,6 Mrd.**
Steuerbegünstigung Agrardiesel	Förderung fossiler Energien in der Landwirtschaft	**44 Mio.** (2008)
Pendlerpauschale	Zersiedelung, Verlust Biodiversität	**260 Mio.** (2008)
Kilometergeld	Begünstigung des motorisierten Individualverkehrs (MIV)	**130 Mio.** (2010)
Grundsteuerbefreiung für Verkehrsflächen	Verbilligung Straßenbau	**110 – 130 Mio.** (2004)
Stellplatzverpflichtung für PKW	Begünstigung MIV, Umwälzung der Verkehrskosten auf Wohnbau	**145 bis 175 Mio.** (2004)

Subvention	Negative Wirkung	Subventions-Betrag
Wohnbauförderung	Zersiedelung, Biodiversitätsverlust	**180 bis 270 Mio.** (2004)
Abschlag auf Förderzinsabgabe	Steuererleichterung für Förderung von Öl und Gas in Österreich	**40 Mio.**
Gratiszertifikate im Emissionshandel (Kyoto-Protokoll)	Begünstigung CO_2-intensiver Industrie	**390 bis 450 Mio.**
Euratom	Förderung Atomindustrie	**Etwa 40 Mio.**
Ölheizkesselförderung	Förderung fossiler Heizenergie	**Mehr als 20 Mio.**

Quelle
Umweltdachverband

14. ÖKOSÜNDER GEGEN UMWELTENGEL?

Sie divergieren in Einzelsünden. Beim Gesamtenergieverbrauch jedoch sind alle Lebensstile sündhaft.

Nichts ist bequemer als ein klares Feindbild. Das wissen religiöse Fanatiker genauso wie politische Extremisten und hin und wieder auch – Umweltaktivisten. Doch leider. Es dürfte punkto nachhaltigem Energiekonsum keine wirklichen Vorreiter geben, zumindest nicht auf gesamtgesellschaftlicher Ebene, wenn man unterschiedliche Lebensstile miteinander vergleicht. Daher auch keine wirklichen Bösewichte, die sich zur Abgrenzung eignen würden, und keine wirklichen Umweltengel, die als Vorbild dienen könnten.

Zu diesem doch etwas überraschendem Ergebnis kam das Forschungsinstitut SERI im Auftrag des Österreichischen Klima+Energiefonds. Bei einer Befragung wurden die Konsumentenhaushalte hinsichtlich ihres Energieverbrauchsverhaltens in den Bereichen Elektrische Geräte/Beleuchtung, Wohnen/Heizen sowie Mobilität befragt und dann nach soziökonomischen Kriterien in vier Kategorien eingeteilt:

- Für das **Niveaumilieu** spielten Kultur, Tradition und Bildung eine wesentliche Rolle, genauso Leistung und reflektierendes Verhalten. In diesem befand sich ein hoher Anteil an leitenden Beamten mit hohem Haushaltseinkommen. Alter: Generation 50plus.

- Für das **Harmoniemilieu** waren Geborgenheit, Sicherheit, Schutz vor Fremdem und Neuem und die Konzentration auf Zuhause die zentralen Werte. Das Haushaltseinkommen war nieder, die berufliche Stellung auch.

- Für das **Selbstverwirklichungsmilieu** zählten hingegen Individualität, Freiheit, die Verwirklichung eigener Ziele. Die Personen waren jünger als 40 und hatten ein hohes Monatseinkommen aus qualifizierten beruflichen Positionen.

- Das **Unterhaltungsmilieu** wiederum charakterisierte sich durch Action, Spannung und Abwechslung und viel Wert auf Freizeit. Die Personen hier hatten das niedrigste Alter und ein mittleres Einkommen.

Das Fazit nach der Auswertung: Trotz unterschiedlichem Verbrauchsverhalten hoben sich die Unterschiede der einzelnen Lebensstile letztlich so auf, dass die Vertreter jeder dieser Gruppen jeweils rund 10.000 Kilowattstunden Energie pro Jahr verbrauchten – und zwar verblüffend gleich. Es spielte keine Rolle, dass etwa der Anteil der Energiesparlampen unter den Gruppen stark differierte. Denn es differierte dafür auch der Aufwand für Flugreisen und Autos. Andere Haushalte, die weniger effiziente Haushaltsgeräte nutzten, zeigten sich wiederum beim Mobilitätsverhalten sparsamer. Speziell die mit dem Akronym „LOHAS" („Lifestyle Of Health And Sustainability") belegte Gruppe bewusst ökologisch, überlegt und qualitätsbewusst handelnder Konsumenten, so der Schluss der Studienautoren, verfolgten nur „einen scheinbar nachhaltigen Lebensstil".

Die Studie ist nicht die einzige, die den Zusammenhang zwischen Lebensform und Nachhaltigkeit beim Konsum untersucht. Speziell die genannten „LOHAS" werden dabei immer weniger als Rettungsanker im Hinblick auf Energiewende und Klimawandel gesehen, sondern eher als Opfer eines Marketingschmähs. So zum Beispiel kam die Studie „LOHAS - Mythos und Wirklichkeit" vom Strategiebüro &EQUITY im Auftrag der Deutschen Bundesstiftung Umwelt und dem Beratungsunternehmen Stratum zu dem Schluss, dass die scheinbar vorbildliche Gruppe lediglich aus egoistischen Motiven fallweise zu Energiesparlampen, Erdgasautos oder Biolebensmittel greift und somit zum tatsächlich postulierten Effekt einer Nachhaltigkeitswende wenig beiträgt. Im Gegenteil – analysierte auch eine Studie der Fachhochschule für nachhaltigen Tourismus in Eberswalde – LOHAS tragen mit ihrem Lebensstil eher zur Intensivierung klimaschädlicher Verhaltensmuster bei, etwa bei Flugreisen.

Das kann Konsumenten mit schlechtem Öko-Gewissen kurzfristig entspannen. Es gibt eben weder klare Vor- noch Feindbilder. Es zeigt aber auch, dass die Appelle nach Änderungen des Lebensstils in Hinsicht auf tatsächliche Umwelteffekte vermutlich ziemlich nutzlos bleiben. Denn zum einen ist das Verbraucherverhalten viel zu komplex, als dass einfache Aufforderungen hier eine messbare Auswirkung haben würden. Andererseits reagieren Konzerne und Industrie perfekt auf den aufkommenden Bewusstseinswandel und bieten die perfekten Produkte für die neuen Käuferschichten an, diagnostiziert etwa auch Buchautorin Kathrin Hartmann in ihrer kritischen Verbraucheranalyse „Das Ende der Märchenstunde. Wie die Industrie die Lohas und Lifestyle-Ökos vereinnahmt". Das setzt erneut verstärktes Konsumverhalten in Gang und konterkariert so die Grundidee eines nachhaltigen Lebensstils.

Das können Sie glauben

- Die Energiebilanz einzelner Lebensstilformen ist weit weniger unterschiedlich als angenommen.
- Gerade die modernen „LOHAS" als Ökos der 2. Generation sind nicht nachhaltiger unterwegs als andere Gesellschaftsschichten.
- Das Konsumentenbedürfnis, durch Einkaufen Gutes zu tun, ist Anknüpfungspunkt für eine Reihe vom Marketingaktivitäten der Hersteller – und wie geschaffen für Ökotricks, Bioschwindel und Energielügen.

Quellen

SERI, Österreichischer Klima+Energiefonds, Fachhochschule für nachhaltigen Tourismus, Eberswalde, &Equity, Sinus Sociovision, Kathrin Hartmann „Das Ende der Märchenstunde"

15. ALLES ÖKO, ODER WAS?

Österreichs Strombosse mutieren trotz Atom- und Fossilstrom mit legalen Tricks zu Umweltengeln.

Dass Strom kein Mascherl hat, weiß Österreich spätestens seit der Volksabstimmung um das AKW Zwentendorf im Jahr 1975. Damals versuchte die E-Wirtschaft den AKW-Gegnern den Wind aus den Segeln zu nehmen, indem sie auf die kaum wegzudiskutierende physikalische Übereinstimmung der Elektronen aus Atomkraftwerken mit jenen aus Wasserkraftwerken hinwies. Genutzt hat es nicht: Zwentendorf wurde knapp, aber doch abgelehnt.

Und gute 25 Jahre später muss man sagen: Strom hat doch ein Mascherl. Jedes Energieversorgungsunternehmen muss mittlerweile nämlich tabellarisch/grafisch die Primärenergieträger ausweisen, mit denen der Strom produziert wird. Und so bekommt auch das physikalisch gleiche Produkt eine indirekte Qualitätsabstufung für den Konsumenten. Der größte Haken des Systems: Diese Kennzeichnung bezieht sich nur auf die an Endverbraucher gelieferten Strommengen. Das weit größere Stromvolumen, das viele Stromerzeuger als reine Händler untereinander oder an den internationalen Strombörsen abwickeln, bleibt nach wie vor unberücksichtigt. Stellt man dieses in Rechnung, mutieren reine Wasserkraftunternehmen plötzlich zu durchaus „schmutzigen“ Atomstromhändlern.

Zum Beispiel die Verbundgesellschaft, Österreichs größter Stromerzeuger. Dieser lässt sich gerne als ökologischer Wasserkraftkonzern bewundern. Doch das stimmt nur zur Hälfte. Tatsächlich verkaufte die Verbundgesellschaft im Jahr 2010 insgesamt rund 56.000 Gigawattstunden (gWh). Aber sie produzierte damals nur rund 27.000 gWh Strom aus Wasserkraftwerken. Fast gleich viel (25.000 gWh) kommt aus dem internationalen Stromhandel (in der Bilanz mit „Fremdbezug“ angeführt), auch ENTSO-E-Mix oder „Graustrom“ genannt, und dieser enthält in Wirklichkeit sowohl fossile Kraftwerke als auch Atomkraftwerke (und zwar zu durchschnittlich 17 Prozent Wasserkraft, 49 Prozent fossile Brennstoffe, 27 Prozent Atomstrom,

7 Prozent sonstige erneuerbare Energieträger, u.a.). Der Rest der insgesamt verkauften Strommenge stammt aus den eigenen fossilen Wärmekraftwerken.

Somit wäre die wirkliche Strombilanz der Verbundgesellschaft durch den internationalen Anteil ihrer Stromhandelsaktivitäten deutlich mit fossilen und atomaren Primärenergieträgern verschmutzt. Weil allerdings die an Endkunden verkaufte Menge (beim Verbund etwa 11.000 gWh) rein rechnerisch immerhin mit dem Wasserkraftanteil abzudecken ist, kann sich der Verbund rechtlich gedeckt hierzulande auch als Wasserkraftkonzern darstellen. Kunden, denen der Energiemix egal ist, werden mit einer anderen Tochtergesellschaft bedient (Verbund Austrian-Power-Sales GmbH). Nicht, dass diese Vorgehensweise zu verbieten wäre, wie manche fordern. Vielmehr wäre eine aussagekräftigere Kennzeichnung das Gebot der Stunde.

Vertuschungsaktion. Seit kurzem wurde sogar eine kleine Lücke in der Kennzeichungspflicht geschlossen. Strom von internationalen Stromhandelsbörsen (der ENTSO-E-Mix) muss nun ohne den rechnerischen Anteil an Wasserkraft- und erneuerbarer Energie aus dem internationalen Durchschnitts-Mix aufgeschlüsselt werden – das steigert den Anteil an fossiler und nuklearer Energie (früher reichte hier sogar die Bezeichnung: „Strom unbekannter Herkunft“). Doch was im Herbst 2011 politisch als Großtat gefeiert wurde, ist eher eine Vertuschungsaktion. Denn wie sich das Gesamt-Portfolio eines Stromerzeugers tatsächlich zusammensetzt, kommt auch in der neuen Kennzeichnungsverordnung nicht wirklich zum Ausdruck.

Der Verbund ist kein Einzelfall. Fünf von neun Landesenergieversorgern in Österreich handeln nach Recherchen von Greenpeace mit mehr oder weniger Erfolg an den internationalen Strombörsen und verschmutzen dadurch ihre weiße Weste in Sachen Atom- oder Fossilstrom. Zum Beispiel die Tiroler Wasserkraft AG, die ihren Namen im Grunde genommen nicht einmal zur Hälfte verdient. Hier liegt der Anteil an eigener Wasserkraft bei rund 3200 gWh, insgesamt verkauft wurden aber im Jahr 2010 22.000 gWh. Die große Differenz kommt wieder aus dem internationalen Stromhandel (ENTSO-E-Mix). Weil aber der heimische

Absatz nur rund 4700 gWh beträgt, kann die TIWAG in ihrer Bilanz für diesen Anteil genau null Prozent fossile oder atomare Primärenergieträger ausweisen. Dass gleichzeitig international mit der dreifachen Menge an „Graustrom" gehandelt wird, verschweigt das Unternehmen im Besitz der Tiroler Landesregierung nobel.

16. SO WIRD ATOMSTROM „GRÜN" GEWASCHEN.

Ein anderer beliebter Trick der Stromfirmen besteht in der Verwendung von so genannten REFC-Zertifikaten (REFC – Renewable Energy Certificate System). Diese werden von Erneuerbare-Energie-Produzenten ausgegeben, die sie selber zur Stromkennzeichnung nicht benötigen (etwa in Skandinavischen Ländern) und dienen den Käufern (etwa in Österreich und Deutschland) zur durchaus gesetzeskonformen „Reinwaschung" jener Strommengen, die an internationalen Börsen eingekauft wurden. Der Anteil der RECS-Zertifikate in Österreich betrug etwa im Jahr 2006 immerhin rund 2200 gWh, das sind rund vier Prozent der gesamt verbrauchten Strommenge. Das Problem dabei: Stromversorger, die die Grün-Zertifikate kaufen, müssen den grünen Strom nicht dazu kaufen. Somit können sie ihren Graustromanteil verschleiern. Daran ändert auch das seit 2011 zunehmend benutzte alternative EU-Öko-Herkunftssystem „GoO" (Guarantee of Origin) nichts. Es macht genau das gleiche: Die Trennung zwischen Zertifikat und gehandeltem Strom.

In Summe, moniert etwa der Österreichische Umweltdachverband, mache der Anteil der Strommenge für Haushaltskunden nur rund 30 Prozent der von heimischen Stromerzeugern insgesamt gehandelten Strommenge aus. 70 Prozent dagegen fließen in die nicht kontrollierten Bereiche Gewerbe, Industrie und internationaler Handel.

Tatsächlich bringt die neue Kennzeichnungsverordnung ab 2010 allerdings doch ein paar Verbesserungen für Konsumenten, die genau wissen wollen, woher ihr Strom stammt. So etwa müssen die ein- und verkauften Strommengen quartalsweise bilanziert werden (zuvor reichte es, über das Jahr zu rechnen). Stromkennzeichnungen aus dem Ausland, die von ENTSO-E-Mix abweichen, dürfen nur mehr von jenen Ländern verwendet werden, die auch eine Stromkennzeichnung haben.

Das können Sie glauben

- Das offizielle Kennzeichnungssystem umfasst bei weitem nicht die gesamte gehandelte Strommenge eines Energieversorgers. Daher sind die Zahlen auf den offziellen Kennzeichnungen wenig aussagekräftig.
- Der größte Schwindel passiert beim hohen Anteil an internationalem Stromhandel, der vollkommen unkontrolliert den Anteil der in Österreich vermarkteten Strommenge (100% Wasserkraft) weit übersteigt. Und beim Zertifikatehandel (EFCS) zur Grünwaschung von Graustrom.
- Ehrliche Ökostromanbieter haben ausschließlich Direktkontrakte mit Erneuerbare-Energie-Produzenten und haben keine Töchtergesellschaften um „bösen“ und „guten“ Strom getrennt vermarkten zu können. In Österreich sind dies nur die Ökostrom AG und die ARGE Naturkraft.

Quellen

Umweltdachverband, TIWAG AG, Verbundgesellschaft, E-Control, Greenpeace, Ökostrom AG, RECS_Deutschland, Oekonews.at, Friends Of The Earth, Austria, Global 2000, ELWOG 2010, BMWA Anfragebeantwortung 2403/AB-BR/2008

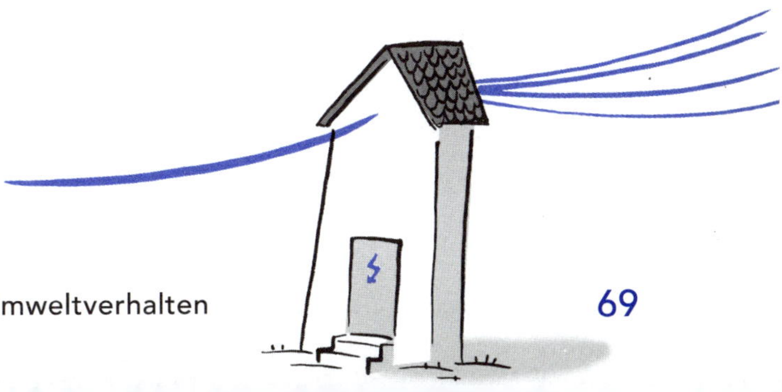

17. ENERGIEVERSORGER: ALLE GLEICH?

Ein Wechsel des Energieversorgers kann bei größeren Haushalten mehrere hundert Euro pro Jahr sparen.

Kennen Sie das Erstaunen, wenn jedes Jahr die offiziellen Inflationsraten verkündet werden? Obwohl die Kosten fürs tägliche Leben gefühlsmäßig schier explodieren, kommt die offiziell verkündete Inflationsrate der Wirtschaftsforscher bestenfalls auf mickrige ein, zwei Prozent Plus. Kann nicht sein, meint man da, die sollen einmal richtig einkaufen gehen, die Herren und Damen Wissenschaftler …

Die Wissenschaftler sind unschuldig. Die eigene Psyche ist schuld an diesem Effekt. Konsumenten entwickeln für täglich oder wöchentlich anfallende Einkäufe ein ziemlich differenziertes Gefühl für das Preis-Leistungsverhältnis (Brot, Milch, Sprit, ...). Einkäufe hingegen, die nur einmal im Jahr getätigt werden müssen, werden nicht derart beachtet (TV-Gerät, Auto, Stromkosten). Daher werden Preissteigerungen für Waren des täglichen Bedarfs weitaus stärker wahrgenommen als eventuelle Preissenkungen für Güter, die man nicht so oft erwirbt. In der Regel sind das aber Güter, die tatsächlich billiger werden (etwa: Elektrogeräte) und die statistische Inflationsrate senken. Die Rechnung stimmt, das Gefühl passt nicht dazu.

Genauso ist es mit den Energiekosten. Die werden bestenfalls einmal im Jahr fällig (Strom, Gas, Heizöl...) oder fallen gar nicht extra auf, weil sie in einer Gesamtsumme mit der Miete verschwinden. Noch dazu werden sie oft per Dauerauftrag erledigt, auch da fehlt dann das Gefühl für die Kostenwahrheit, wissen die Wirtschaftspsychologen. Daher kann sich auch das Gefühl breit machen: Energie kostet ohnehin überall das Gleiche. Das allerdings ist eine Fehlmeinung, die das Geldbörsel ziemlich belasten kann. Lassen sie sich von den üblichen kleinen Cent-Beträgen je Kilowattstunde Strom nicht täuschen, mit denen die Energieversorger werben. Diese vermitteln den Eindruck, dass sich Kostenvergleiche nicht auszahlen. **Aber: Den Energielieferanten zu wechseln, kann ziemlich viel Geld sparen.**

Dass die Unternehmen das nicht an die große Glocke hängen, ist auch klar – und daher lag die sogenannte Wechselrate der Haushalte 2010 in Österreich bei bescheidenen 1,8 Prozent (Strom) und 0,7 Prozent (Gas). Der Preiswettbewerb unter den Versorgern lässt demnach ziemlich zu wünschen übrig.

Dabei wäre es ziemlich einfach, sich jährlich ein paar hundert Euro zu ersparen – und weil Energierechnungen durchaus längerfristig kalkuliert werden sollten, kann sich der Betrag über die Jahre auf tausende Euro summieren – vor allem bei größeren Haushalten. Etwa beim Strom: Zwischen teuerstem und billigstem Stromlieferanten (ohne Ökostromanbieter) in Österreich klaffen immerhin 181 Euro Unterschied pro Jahr (berechnet an einem 5-Personenhaushalt mit 6000 Kilowattstunden Jahrestromverbrauch). Oder im Bereich Erdgas: da beträgt der Unterschied sogar 231 Euro (berechnet an einem 5-Personenhaushalt mit 25.000 Gigawattstunden Jahresgasverbrauch). Natürlich sinkt das Einsparungspotential bei kleineren Energieverbrauchern, und steigt, wenn noch mehr Kilowatt über den Zähler rennen.

So wechseln Sie richtig: Den Energielieferanten zu wechseln, ist nicht so schwer wie es aussieht. Es reicht die Meldung an den derzeitigen Lieferanten, und alles andere geht automatisch. Selbst über die Homepage der E-Control, der staatlichen Regulierungsbehörde, lässt sich ein Lieferantenwechsel mit wenigen Mausklicks durchführen. Dazu notwendig sind nur die Grunddaten der letzten Strom- bzw. Gasrechnung. Das geht, weil Österreich die EU-Energiemarktliberalisierung auch im Haushaltsmarkt relativ weitgehend umgesetzt hat. Für die Versorgung der Endkunden im Haushalt sind seit 2001 (Erdgas: 2002) nun jeweils zwei Firmen zuständig: Die eine, die das Netz betreibt und die tatsächliche Energieversorgung beim Kunden sicherstellt (inklusive Service). Und eine andere, die dafür sorgt, dass die vom Haushalt entnommene Energie irgendwo auch wieder ins Netz eingespeist wird. Das kann dieselbe Firma sein, muss es aber nicht. Sie kann auch in einer ganz anderen Ecke Österreichs ihren Stammsitz haben. Letztere ist auf jeden Fall der Vertragspartner des Endkunden, der auch nur eine einzige Rechnung zugeschickt bekommt. Alles andere machen sich die beiden Firmen untereinander aus.

Die Frage nach der unterschiedlichen Qualität gelieferter Energie stellt sich im Hinblick auf ihren Verwendungszweck – den Betrieb elektrischer Geräte oder Erdgas befeuerter Brenner – so gut wie nicht. Physikalisch liefert jeder Versorger das gleiche Produkt. Inhaltlich lässt sich dennoch diskutieren – denn hinsichtlich ihres Gesamtportfolios bestehen doch gravierende Unterschiede: die einen Stromkonzerne machen etwa Geschäfte mit Atomstromproduzenten, die anderen nicht. Die einen betreiben hauptsächlich CO_2-lastige fossile Kraftwerke, die anderen haben mehr Wasserkraftwerke, usw. (Siehe auch Lüge: Alles Öko, oder was?).

So kaufen sie Heizöl zum richtigen Zeitpunkt: Im Fall von Heizöl hat ein Lieferntenwechsel weit weniger Einsparungspotenzial. Hier gibt es durchaus eine regionale Komponente – Lieferungen zahlen sich nur im Umkreis von wenigen Kilometern aus. Dann werden die Transportkosten zu hoch. Das bedingt durchaus einige regionale Liefermonopole, die den Preis hochhalten können, obwohl es anderswo günstigere Angebote gibt. Abgesehen davon, Sammelbestellungen zu organisieren oder den tatsächlichen Verbrauch optimal vorherzusagen, besteht die Kunst darin, den richtigen Zeitpunkt für den Heizölkauf zu erwischen. Dabei gilt die Regel: sinkende Nachfrage mitten in der Heizsaison lässt die Preise fallen. Steigende Nachfrage vor der Heizsaison lässt sie steigen.

Weil es aber wie immer beim Thema Heizöl keine 100%ige Vorhersage gibt, lassen sich die besten Monate für die Einlagerung des Jahresvorrats nur statistisch über mehrere Jahre hinweg mitteln – das aber dafür ziemlich sicher: Die relative Abweichung der jeweils aktuellen Preise für Heizöl-Leicht vom Gesamtjahresdurchschnitt in Österreich beträgt (im Mittel von fünf Jahren gerechnet) im Juni und Juli etwa sechs Prozent **Plus**, und im Dezember und Jänner rund sieben Prozent **Minus**. Bei angenommenen rund 4000 Euro Tankkosten macht der Unterschied zwischen Höchst- und Niedrigstand immerhin 520 Euro aus. Heizöl antizyklisch zu kaufen (zwischen November und Februar), zahlt sich über die Jahre gesehen also unter Umständen mit mehreren tausenden Euro relativen Kostenvorteil aus. Wer in den vergangenen fünf Jahren nach dieser Regel gekauft hätte, hätte jedes Mal den jeweils günstigsten Zeitpunkt der folgenden Monate erwischt (siehe Grafik).

Das können Sie glauben

- Ein Wechsel des Strom- oder Gasversorgers ist keine Hexerei, verursacht keine Umstände im Haushalt und kann bis zu mehrere hundert Euro pro Jahr sparen.
- Physikalisch gesehen liefern alle Strom- und Gaslieferanten das gleiche Produkt. Damit ist die Betriebssicherheit immer gewährleistet. Lediglich echte Ökostromanbieter bieten einen ökologischen Mehrwert, der einen höheren Preis rechtfertigt.
- Der Heizöleinkauf lässt sich statistisch über Jahre hinweg optimieren: Der ideale Zeitpunkt dafür ist zwischen Dezember und Februar.

Relative Abweichung der Heizölpreise der letzten 5 Jahre
(Stand: 27.09.2011)

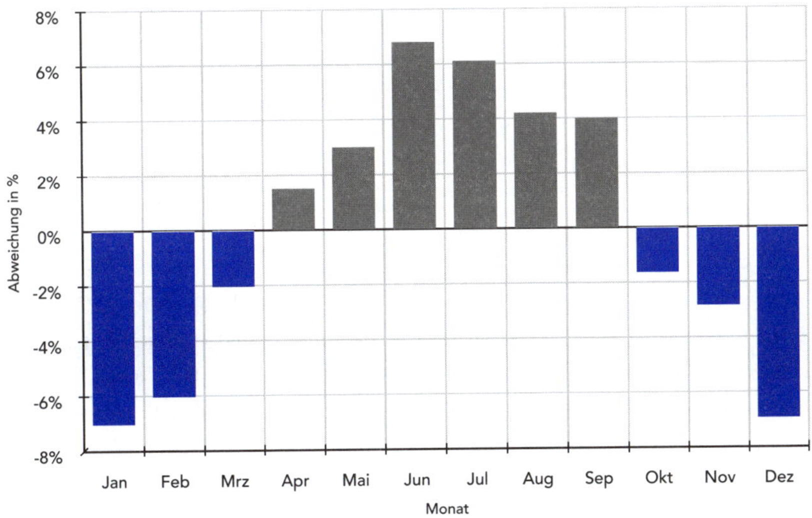

Quellen
Fastenergy, E-Control

18. DIE GUTEN MENSCHEN VON POLITIKISTAN?

Nicht die Politiker fördern Ökostrom, sondern die Konsumenten - über ihre Stromrechnungen.

Dass man sich in der Politik oft für Dinge feiern lässt, die eigentlich anderen zuzuschreiben sind, ist nicht unüblich. Und es ist auch fair. Denn schließlich muss man als Politiker manchmal auch den Kopf für Dinge hinhalten, die andere angestellt haben. So gesehen sei Umweltpolitikern die oft vorgebrachte Energiesparlüge verziehen, man „fördere Ökostrom". Lüge deswegen, da die Ökostromförderung in Österreich nicht, wie sonstige gemeinwirtschaftliche Leistungen des Staates, aus öffentlich verwalteten Budgets finanziert werden. Die gute Tat der Umweltpolitiker reduziert sich in Wirklichkeit auf eine direkte Belastungsaktion der Stromkunden. Das heißt – in den Budgets der Ministerien werden auch keine großen Einschränkungen notwendig.

Derzeit zahlt jeder Haushalt im Durchschnitt 35 Euro jährlich für die Subvention „grünen Stroms", bis 2015 werden es knapp 50 Euro sein, schätzt etwa die staatliche Regulierungsbehörde E-Control. Bis dahin soll nämlich der Ökoanteil an der heimischen Stromversorgung von 11,5 auf 15 Prozent steigen. In Summe kostete die Förderung über Einspeiseentgelte im Jahr 2010 gut 350 Millionen Euro. Bis 2015 sollen es jährlich 500 Millionen werden.

Wie wird das berechnet? Da haben sich die Politiker ein gefinkeltes System ausgedacht: Die Ökostromproduzenten schließen einen Einspeisevertrag mit der staatlichen Verrechnungsstelle ÖMAG ab und bekommen für ihren ins Stromnetz eingespeisten Strom einen Fixbetrag bezahlt, unabhängig davon, ob dieser Strom gebraucht wird, oder nicht. Das enthebt die Ökostromproduzenten eines Gutteils des wirtschaftlichen Risikos, das Stromerzeuger sonst tragen müssen. Am meisten bekommen derzeit (2010/11) kommerzielle Photovoltaikanlagenbetreiber (bis zu 38 Cent je Kilowattstunde), in der Mitte liegen Biomassekraftwerke (maximal 14,98 Cent) und Windkraft (9,7 Cent), am wenigsten bekommen Stromerzeuger mit Müllverbrennungsanlagen (maximal 6,12 Cent). Das ist allerdings immer noch mehr als der durchschnittliche Marktpreis für Strom. Der liegt nämlich derzeit bei rund vier Cent je Kilowattstunde.

Die ÖMAG wiederum holt sich das Geld dafür von zwei Stellen: Erstens verteilt sie den Ökostrom an alle konventionellen Stromerzeuger gemäß deren Anteilen am Markt. Diese MÜSSEN den Strom abnehmen, irgendwie verteilen, dafür einen (relativ hohen) Verrechnungspreis (rund 10 Cent pro kWh) an die ÖMAG bezahlen und sind daher dementsprechend sauer auf das System. „Ökostrom verschmutzt die Stromnetze", ist nicht zuletzt deswegen eine oft gehörte Klage unter den konventionellen Strombossen. Erst seit einer Novelle im Jahr 2011 orientierten sich diese Verrechnungspreise zumindest teilweise an den Marktpreisen und auch die Netzbetreiber dürfen mitzahlen.

Ein zweites Mal zur Kasse gebeten. Weil das aber nicht ausreicht, um die hohen Fördertarife für die Ökostromerzeuger zu bezahlen, muss die ÖMAG den restlichen Betrag auf jeden Endverbraucher aufteilen (das sind in Summe etwa die oben erwähnten 350 bis 500 Millionen Euro). Das Skurrile dabei: Diejenigen Verbraucher, die aus ökologischen Gründen bereits einen – ohnehin teureren – Liefervertrag mit einem echten Ökostromanbieter abgeschlossen haben, werden dadurch ein zweites Mal zur Kasse gebeten.

Nicht alle Endverbraucher sind dabei gleich. Manche sind gleicher, sagt zumindest eine Regelung aus dem Jahr 2008, die großen Industriebetrieben aus Wettbewerbsgründen eine Ausnahmeklausel verschafft hatte. Damals wurde der an den Stromverbrauch gekoppelte Ökostromzuschlag für Großunternehmen gedeckelt – und zwar bei 0,5 Prozent des Nettoproduktionswertes. Das bedeutet aber gleichzeitig, dass die Haushaltskunden stärker belastet werden mussten. Auch die Neuregelung im Jahr 2011, die nach EU-Protesten formuliert werden musste und den Beitrag der energieintensiven Industrie pauschalisierte, brachte da keine inhaltlichen Änderungen.

Das können Sie glauben

- Ökostrom wird nicht aus den von Politikern verwalteten öffentlichen Budgets gefördert – sondern direkt über Zuschläge auf Stromrechnungen der Endverbraucher.

- Dieser Förderungs-Zuschlag für Ökostrom wird automatisch auf ihre Stromrechnung aufgeschlagen, egal ob sie böse-billigen Atomstrom beziehen oder ohnehin zu 100 Prozent teuren Strom von einem Ökostromanbieter.

- Durchschnittlich zahlen Haushalte derzeit rund 35 Euro pro Jahr für die Ökostromförderung. Das wird sich in den kommenden Jahren auf rund 50 Euro erhöhen. Wer einen eigenen Zähler für Wärmepumpen oder Nachtstrom hat, zahlt doppelt so viel, weil je Zähler abgerechnet wird.

Quellen
OeMAG, BMWFJ, E-Control, IG-Windkraft, Photovoltaic Austria

Haus & Wohnung

Fehlen die richtigen politischen Weichenstellungen, sollte zumindest die private Energiewende gelingen – wird oft gefordert. Das ist ökologisch höchst vorbildlich, aber belastet die Falschen. Denn die damit verbundenen Investitionskosten lassen Energiesparen zu einem monetär höchst riskanten Unterfangen für Häuslbauer und Wohnungsbesitzer werden. Wirklich rechnen tun sich Energiesparmaßnahmen in den seltensten Fällen – Energie ist dazu noch viel zu billig.

19. WERFEN SIE IHR GELD ZUM FENSTER RAUS?

Fenstertausch als Sanierungsmaßnahme rentiert sich so gut wie nie. Auch wenn er ökologisch sinnvoll ist.

Es ist so plausibel: Alleine die Vorstellung, wie es an kalten, nebligen Wintertagen draußen bläst und bei jedem Windstoß der Vorhang hinter dem zugigen Fenster aufbauscht, lässt uns frösteln. Und dann trifft natürlich die Aussicht, das Haus mit einem Schlag in eine Kuschelhöhle verwandeln zu können, auf sehr großes Verständnis – und die Botschaft, ein Fenstertausch wäre das Ende aller Heizprobleme, wird willig aufgenommen. Alte Fenster raus, neue rein, Behaglichkeitsfaktor hoch zehn.

Tatsächlich ist die Winddichtheit eines Gebäudes ein maßgebliches Kriterium für den Energie- und damit Kostenaufwand beim Heizen. Allerdings – in den meisten Fällen sind die Fenster alleine nicht das Problem. Im Gegenteil: Bei einer reinen Kosten/Nutzenrechnung steht der Fenstertausch am untersten Ende der Wirtschaftlichkeitsskala.

Die Fensterfirmen hören das natürlich nicht gerne. Und verweisen auf die diversen Energiesparrechner auf ihren eigenen Homepages. Dennoch zeigen die strengen Rechnungen etwa der Umweltberatung Wien/Niederösterreich, dass sich die Kosten eines Fenstertausches in den allermeisten Fällen nicht amortisieren. Ein durchschnittliches Beispielhaus mit einer Fensterfläche von 23 Quadratmetern kann bestenfalls mit einer Heizkostenersparnis von rund 350 Euro pro Jahr rechnen. Bei Austauschkosten zwischen 10 und 15.000 Euro (und das ist noch günstig) würde die **Amortisation mindestens 30 Jahre** dauern – so lange halten die Fenster nicht. Zumal die Ersparnis auch nur dann eintritt, wenn man von äußerst schlechten Ausgangsbedingungen ausgeht. Im Berechnungsbeispiel wurde der Wärmedurchgangswert der Fenster vor dem Tausch mit miserablen 2,6 angenommen, danach mit 0,9. Die meisten Fenster der 1970er und 1980er Jahre haben bereits bessere Kennzahlen, die Einsparung bei den Heizkosten,

die sich ja immer auf ein Vorher/Nachher bezieht, ist in diesen Fällen also nicht einmal so hoch, wie im Beispiel berechnet.

Wer Fenster tauscht, sollte dies also aus ästhetischen, ökologischen oder sonstigen Gründen tun. Aus Kostengründen rechnet sich ein Fenstertausch nicht. Eher sind hier schon Dichtungsmaßnahmen in den Altfenstern zielführend, die mit viel weniger Aufwand getätigt werden können.

Allerdings – dennoch gibt es Fälle, wo sich ein Fenstertausch auch aus wirtschaftlichen Gründen lohnen könnte, etwa im Rahmen einer Gesamtsanierung, vor allem, wenn die Fenster tatsächlich schon sehr alt sind. Denn dann schlagen auch noch andere Faktoren zu Buche, etwa jene rund um das Erhöhen des Wiederverkaufswerts einer Wohnung, bzw. Hauses. Ganz zu schweigen davon, dass neue Fenster den Behaglichkeitsfaktor erhöhen – was allerdings monetär schwer quantifizierbar ist. Und tatsächlich lässt sich durch eingesparte Energieträger bei der Heizung auch CO_2 sparen. Allerdings, wie immer bei teuren Sanierungsmaßnahmen, lässt sich mit dem investierten Geld anderswo oft ein größerer Klimaschutzeffekt erzielen.

Das können Sie glauben

- Als Klimaschutzmaßnahme ist Fenstertausch zwar ökologisch vorbildhaft, aber dennoch eine der teuersten Maßnahmen.
- Neue Fenster amortisieren sich durch eingesparte Heizkosten so gut wie nie.
- Dennoch: Ein äußerst schlechter Fensterzustand, ein Heizungssystem mit hohen Brennstoffkosten, die Erhöhung eines subjektiven Behaglichkeitsfaktors und eines rechnerischen Wiederverkaufwertes sprechen für einen Fenstertausch.

Quellen

Umweltberatung Österreich

20. WÄRME AUS DEM KÜHLSCHRANK?

Eine Reihe von Einschränkungen macht die Vorteile einer Wärmepumpe allzu oft zunichte.

Das Prinzip einer Wärmepumpe widerspricht der menschlichen Erfahrung dermaßen, dass die Skepsis größer ist, als bei allen anderen Energiesystemen im und rund um den Haushalt. Das wiederum hat zur Auswirkung, dass viele Befürworter die Vorteile hemmungslos übertreiben. Was dann passiert: Die Frustration über nicht stichhaltige Marketingschmähs macht den Ruf mehr kaputt als eigentlich gerechtfertigt.

Also trennen wir einmal warme Versprechen von kalten Fakten. Eine Wärmepumpe arbeitet wie ein Kühlschrank – nur wird es **drinnen warm** und **draußen kalt**. Ein spezielles Kältemittel, das schon bei geringen Temperaturen verdampft, wird (meist elektrisch) unter Druck gesetzt, verflüssigt sich und gibt dabei Wärme ab – etwa in einen Heizungskreislauf. Hinterher wird die Kühlflüssigkeit wieder durch die Umgebungs"wärme" aus Erdreich, Grundwasser oder Außenluft verdampft – und kühlt diese dabei ab.

Gratis ist dieses Energiewunder jedenfalls nicht. Die herkömmlichen Wärmepumpen (außer den selteneren Absorptionspumpen) sind im Prinzip aufgemotzte Stromheizungen – und da beginnt die Sache heikel zu werden. Denn grundsätzlich fordert eine Stromheizung gerade dann viel Strom aus dem Netz, wenn er rar ist – an kalten Wintertagen. Je nach Bedingungen kann das auch teuer werden. Die wichtigste Kennziffer dabei ist die Jahresarbeitszahl (JAZ). Sie drückt aus, wie viele Einheiten Wärme je investierter Einheit elektrischer Energie durchschnittlich im Jahresbetrieb

rauskommen. Diese Werte können zwischen 1,5 und fünf liegen, üblich sind jedoch zwischen drei und vier. Achtung: Das ist nicht zu verwechseln mit der so genannten „Leistungszahl", die kurzfristige Bestwerte angibt und so oft eine höhere Effizienz suggeriert. Außenluft als Wärmequelle hat dabei den geringsten „Pumpeffekt", Grundwasser den besten.

Solange die JAZ über 3 liegt, kann zumindest die finanzielle Rechnung aufgehen: Denn die Energiebereitstellung durch Strom ist grundsätzlich etwa dreimal so teuer wie jene aus fossilen oder biologischen Brennstoffen. Daher egalisiert ein JAZ von drei und mehr die teureren spezifischen Energiepreise des Energieträgers Strom – im Betrieb. Weil allerdings die Investitionskosten einer heizungstauglichen Wärmepumpe deutlich über anderen Energieträgern liegen, sollte die JAZ eher bei 4 liegen, damit sich auch eine Amortisationsdauer der Anschaffung kalkulieren lässt. Und da beißt sich die Katze in den Schwanz – gerade für die besonders effizienten Erdwärmepumpen mit einer JAZ über 4 muss ein Erdkollektor in der Größe einer doppelten Wohnfläche verlegt werden – und damit steigen wieder die Anfangsinvestitionskosten.

Beurteilungsnote „Ungenügend". Die JAZ-Versprechungen der Wärmepumpenhersteller sind in der Praxis nicht immer zu erreichen, stellte etwa das deutsche Umweltbundesamt in einem Feldtest fest. Auch das Klima-Aktiv-Programm aus dem österreichischen Umweltministerium kam beim Nachmessen auf deutlich niedrigere Jahresarbeitszahlen als die Hersteller angaben (zwischen 2,28 und 3,37) und zitierte weitere, ähnlich gelagerte Feldmessungen, die alle weit unter der eigentlich optimalen JAZ von 4 oder mehr lagen. Das Fraunhofer-Institut für Solare Energiesysteme ISE (Messung 2008) kam auf eine mittlere JAZ von 2,4 - 2,7 (Monitoring-Wärmepumpen im Gebäudebestand). Eine Feldmessung von Arsenal Research (Programm Klima-Aktiv-Wärmepumpe) kam 2006/2007 auf eine mittlere JAZ von 3,5. Eine private Bürgerinitiative „Lokale Agenda Gruppe 21 Energie" und die Ortenauer Energieagentur stellten 2006/2007 mittlere JAZ-Werte von 2,0 - 2,5 fest. Bei einer Wiederholung der Tests ab 2010 gab es bei den ersten vorliegenden Messergebnissen wiederum in der Hälfte der Fälle ein schlichtes „Ungenügend" in der Effizienzbeurteilung.

Viele Bedingungen müssen eingehalten werden, damit das System bestimmungsgemäß funktionieren kann. Das liegt auch an den Nutzern: Kontraproduktiv ist es etwa, wenn Wärmepumpen für die Warmwasserbereitung eingesetzt werden. Das macht das System grundsätzlich sehr ineffizient. Die dabei benötigten höheren Wassertemperaturen senken die JAZ deutlich (um bis zu 0,5 JAZ).

Das gleiche Problem gilt für herkömmliche Radiatorheizungen, die ebenfalls mit hohen Vorlauftemperaturen arbeiten. Die versprochenen Durchschnittswerte erreichen die Systeme nur, wenn mit Niedertemperaturheizungen gearbeitet wird und die Vorlauftemperatur nicht über 35 Grad beträgt. Das wiederum verlangt nach einem speziellen Heizsystem, das mit großflächigen Wand- oder Fußbodenflächen arbeitet und einer Wohneinheit, die nach Niedrigenergiestandard gedämmt ist.

Anders sieht die Rechnung aus, wenn auf billigen Strom zurückgegriffen werden kann. Am besten aus einer eigenen Photovoltaikanlage. Die speziellen Wärmepumpentarife einzelner Stromversorger sind meist nicht über längere Zeit fixierbar – sodass für die Langfristkalkulation ein großer Unsicherheitsfaktor bestehen bleibt. Zusatzbedingungen im Wärmepumpentarif (etwa zeitweilige Abschaltungen durch den Stromversorger) machen eine Überdimensionierung der Anlage notwendig, um die Stromausfälle kompensieren zu können. Auch dann müssen Abstriche bei der Amortisationsrechnung gemacht werden.

Aus ökologischer Sicht hängt die Performance einer Wärmepumpenanlage stark von der Art der Stromerzeugung ab. Je höher der Anteil an fossiler Wärmekraft bei der Stromerzeugung, umso schlechter auch die Ökobilanz der Stromheizung. Als Argument gegen drohende Preissteigerungen bei fossilen Energieträgern ist eine Wärmepumpe als Stromheizung jedenfalls nicht geeignet – denn die Strompreisentwicklung hängt in Europa aufgrund des hohen Anteils an fossilen Wärmekraftwerken ebenso von den Preissteigerungen der fossilen Energieträger ab.

Das können Sie glauben

- Wärmepumpensysteme sind im Grunde genommen aufgemotzte Stromheizungen und finanziell und ökologisch damit hauptsächlich vom Stromlieferanten abhängig.
- Die Energiebereitstellungen durch Strom ist etwa dreimal so teuer wie durch herkömmliche Brennstoff-Systeme. Der Wärmepumpeneffekt kann den Nachteil ausgleichen – aber nur unter optimalen Bedingungen.
- Dazu zählen vor allem die Nutzung von Erdwärme als Wärmequelle und Niedertemperaturheizsysteme (Wand- oder Fußbodenheizung), sowie die Dämmung nach Niedrigenergiehaus-Standard.
- Wirtschaftlich und ökologisch problematisch wird es hingegen bei Vorlauftemperaturen herkömmlicher Heizungssysteme (50 Grad und mehr) oder bei der Warmwasserbereitung.
- Der Wärmepumpeneffekt wird in einer Jahresarbeitszahl (JAZ) gemessen. Diese sollte in der Realität (nicht nur bei den Herstellerangaben) in der Nähe von 4 liegen und ist nicht mit der Leistungszahl zu verwechseln, die nur theoretische Bestwerte angibt.

Quellen

Fraunhofer Forschungsinstitut ISE, Energie Agentur NRW, Deutsche Gesellschaft für Sonnenenergie, Öko-Test, Stiftung Warentest, Umweltbundesamt, Klima-Aktiv-Programm, FAWA (CH), E.on, Arsenal Research, GEMIS, European Heath Pump Association

21. HOLZWEG STATT ÖLPREISSCHOCK?

Trotz hoher Erdölpreise gewinnen Ölheizungen meist den Preisvergleich gegen Holzheizungen – wenn man mehr als nur den Brennstoff untersucht.

Es ist eines der spannendsten Matches am Energiemarkt, die Konsumenten erste Reihe fußfrei verfolgen können: Jenes zwischen der alten fossilen Fraktion der Ölheizungshersteller und jenen der modernen, grünen Pelletsanlagenbauer. Was ist günstiger beim Heizen, Holz oder Öl? Das lässt sich so einfach nicht sagen. Sicher ist allerdings: Wer aus ökologischen Gründen von einer Ölheizung auf Pellets umsteigt, muss das gute grüne Gewissen oft teuer bezahlen. Denn billiger wirds nicht. Die hohen Investitionskosten der Pelletsöfen machen den Kostenvorteil beim Brennstoff Holz meist wieder zunichte.

Pellets, das sind jene in kinderfingergroße Pressteile geformten Sägespäneabfälle aus der Holzindustrie, die eine vollautomatische Befeuerung einer Holzheizung ermöglichen. Weil Holz ein nachwachsender Rohstoff ist, gelten Pellets sozusagen als klimaneutral – und sind damit Favorit aller Umweltbewegten in Sachen Raumwärme. Demgegenüber verweisen die Ölheizungslobbyisten auf den mit beinahe einer Million Nutzern nach wie vor überwältigenden Anteil der fossilen Klimastinker unter den Heizungssystemen in Österreich und reklamieren ihren Teil der öffentlichen Aufmerksamkeit für sich.

Dem CO_2- und damit Klimavorteil der Holzheizungen ist – bis auf die Feinstaubproblematik – auch wenig entgegenzusetzen. Wenn allerdings Kostenargumente hinzukommen, lehnen sich die Vertreter der Pelletsbranche allzu weit aus dem Fenster. Vor allem dann, wenn sie – sehr beliebt – lediglich die Brennstoffkosten vergleichen: Dann ist die Rede von rund vier bis fünf Cent je Kilowattstunde Heizenergie, die Besitzer einer Pelletsheizung zu zahlen hätten, gegenüber jenen Armen, die mit Heizöl Leicht heizen und dafür über acht Cent je Kilowattstunde berappen müssen.

Formal gesehen ist dieser Vergleich auch nicht ganz falsch – allerdings sollte er nicht die Entscheidungsgrundlage für Häuslbauer oder –sanierer sein. Denn in der Gesamtkostenrechnung fehlt noch der weit höhere Investitionskostenanteil für eine Pelletsheizung. Je nach Ausstattung kann dieser schon mal das Doppelte einer modernen Ölheizung betragen. Und dann sieht ein Vergleich (also inklusive Wertverlust) ganz anders aus. Das Institut für wirtschaftliche Ölheizung rechnet inklusive Investitionskosten für eine Ölheizung mit Brennwerttechnik für eine 150 m^2-Wohnfläche (15.000 Kilowattstunden Heizlast) plausibel Jahreskosten von 2224 Euro auf 15 Jahre vor. Pellets hingegen kommen in dieser Rechnung auf 2806 Euro, also deutlich mehr.

Das monetäre Match geht also zugunsten der Ölheizer aus? Weil man dabei weder der Heizöl-, noch der Ökofraktion trauen kann, greifen wir auf Berechnungen einer Firma zurück, die ihr Geschäft mit ganz anderen Energieträgern macht, nämlich mit Strom und daher kein Interesse daran hat, die eine oder andere Seite, Holz oder Öl, schön zu rechnen. So hat sich etwa auch der Stromversorger Energie AG Oberösterreich unlängst um eine faire Berechnung der wirklichen Heizkosten bemüht. Und auch dieser kommt auf einen – kleinen – **Kostenvorteil zugunsten der Heizölanlage**. Auf 15 Jahre und 170 m^2 Wohnnutzfläche Neubau gerechnet, stehen hier jährlich Kosten von 3.034 Euro 3.187 Euro der Pelletsvariante gegenüber.

Ein Vergleich der Brennstoffkosten alleine führt also in die Irre. Noch kritischer wird es, wenn die benötigten Nebenanlagen nicht berücksichtigt werden – in dem einen Fall etwa der Heizöltank und im Fall der Pellets ein Speicherraum für ein paar Kubikmeter Pellets (die ebenfalls einmal im Jahr per Tankwagen geliefert werden müssen). Wer nämlich bereits einen funktionsfähigen Heizöltank hat, der wird den Umstieg auf die grünen Pellets schwer mit Kostenargumenten begründen können. Denn in eine ehrliche Gesamtrechnung würden dann auch noch die Umbaukosten für einen neuen Pellets-Speicheraum dazukommen. Und da ist es billiger, den Ölkessel zu erneuern.

Das können Sie glauben

- Die Brennstoffkosten alleine sagen wenig über die gesamte Kostenbelastung eines Heizsystems aus.
- Der Ersatz einer alten Ölheizung durch ein modernes Öl-Brennwertgerät ist in vielen Fällen wirtschaftlich wesentlich günstiger als der Umbau in ein Holzheizungssystem.
- Beim Neubau halten sich die Systeme kostenmäßig die Waage. Noch billiger geht es mit Systemen, die keinen extra Speicher für Heizöl (Tank) oder Pellets (eigener Vorratsraum) bedürfen: Gas, Fernwärme, Wärmepumpe.
- Ist die Heizlast gering (etwa bei Niedrigenergiehäusern oder Passivhäusern), lohnt die Kalkulation einer an sich sehr teuren Stromheizung: durch die geringen Einsatzzeiten kommt hier der Vorteil der geringen Investitionskosten voll zum Tragen.

Quellen

IWO, Energie AG Oberösterreich, pro Pellets Austria

22. BRENNEN FÜR SONNENSTROM?

Photovoltaikanlagen sind zwar sauteuer, aber sie wirken. Zumindest langfristig.

Ist ja zu dumm: Der Primärenergielieferant „Sonne" verteilt seine Energie ja prinzipiell gratis – allerdings in einer für die Stromversorgung eher unpraktischen Mischung aus Licht und Wärme. Daher sind in der Regel beachtliche Investitionskosten zu tätigen, um das Sonnenlicht mittels Photovoltaik-Paneelen auch für die Stromerzeugung nutzbar zu machen. Kein Wunder, dass die Gegner der Photovoltaik („Schattenmänner", so Energieexperte und Lobbyist Hans Kronberger) diese Kosten gerne als Abschreckungsargument heranziehen. Unter anderen Aspekten allerdings entlarvt sich das schnell als Energiesparlüge.

Das hat mehrere Gründe: Denn während die rechnerische Amortisation einer privaten Photovoltaikanlage dank ihrer tatsächlich eher bescheidenen Energieausbeute (Wirkungsgrad zwischen 10 – 20 Prozent) in unseren Breiten ohne Förderungen nur sehr, sehr langfristig zu erreichen ist, schrumpft der Zeitraum mit Steuergeld-Booster auf ein kalkulierbares Ausmaß. Im Gegensatz zu immer wiederkehrenden Förderengpässen bei gewerblichen Photovoltaikbetreibern zeigt sich der Staat bei privaten Kleinanlagen (bis fünf kWp = Kilowatt-Peak Leistung, das entspricht etwa einem jährlichen Stromertrag von 5000 kWh = Kilowattstunden, genug für ein mittleres Einfamilienhaus) nämlich durchaus großzügig (bis zu 2000 Euro je installiertem kWp Leistung), mit Landesförderungen kann sich das fallweise bis auf 50 Prozent der Investitionskosten summieren.

Zumindest ohne Finanzierungskosten (Zinsen) amortisiert sich damit eine Investition z.B. einer 5 kWp-Anlage (insgesamt etwa 12.000 Euro nach Förderungen) durch die reduzierten Betriebskosten für Strom innerhalb eines Zeitraumes von 12 bis 13 Jahren. Inklusive Finanzierungskosten wären es etwa 19 Jahre. Die langen Amortisationszeiten sind in diesem Fall vertretbar, da die Technologie vorwiegend ohne mechanische Bestandteile auskommt und daher mit wartungsfreien Anlagenlaufzeiten von 30 Jahren und mehr rechnen kann. Die Werte sind noch konservativ geschätzt, denn der lange prognostizierte Preisverfall der Photovoltaik-Paneele hat nach der weltgrößten Photovoltaikmesse in München im Juni 2011 erst so richtig begonnen. Und die Preissteigerungen für Strom können in Zukunft durchaus über den angenommenen zwei bis drei Prozent pro Jahr liegen.

Die monetären Benefits einer Photovoltaikanlage setzen sich für einen Haushalt prinzipiell aus drei Komponenten zusammen, die zusammen mit den Finanzierungskosten (Zinsen) die wichtigsten Erfolgskriterien für die Investition sind.

- Zum einen **reduziert sich der Reststrombedarf** vom normalen Stromnetzbetreiber (man rechnet mit 50 – 60 Prozent). Je höher die Eigennutzung des Sonnenstroms, umso besser. Also Stromverbraucher im Haus dann einschalten, wenn die Sonne scheint. Ganz autark („Insellösung“) wird man in einem normalen Privathaushalt nie sein, bzw. ist dies auch nicht sinnvoll.

- Zum anderen wird der **Überschussstrom** aus der Anlage, also das, was man nicht selbst verbrauchen kann, an den herkömmlichen Stromnetzbetreiber verkauft. Die Vergütungen dafür schwanken beträchtlich. Je Kilowattstunde gibt es von EVN, Wienstrom & Co zwischen 8 und 16 Cent. Höchstpreise etwa zahlt die Ökostrom AG, die dafür allerdings eine 20-jährige Bindung verlangt.

- Zum dritten – und das ist für viele der wichtigste Aspekt – lassen sich die Stromkosten mit einem eigenen Sonnenkraftwerk am Dach langfristig auf einem fixen Niveau einfrieren. Statt einer unaufhaltsam und unkalkulierbar steigenden Stromrechnung zahlt man fix kalkulierbare Rückzahlungsraten für den Investitionskredit der Anlage. Eventuell steigende

Stromtarife der E-Wirtschaft können Sie ab dann nicht nur kalt lassen, sondern dürfen Sie sogar mit Genugtuung verfolgen: so amortisiert sich die Anlage noch schneller. Das kann durchaus auch als **Form einer Pensionsvorsorge** gesehen werden: Zu Zeiten investiert, wo das Haushaltseinkommen noch hoch ist, werden die meisten Effekte voraussichtlich Jahre später sichtbar, wenn sich die Pensionslücke öffnet und die Energiepreise steigen.

Auch volkswirtschaftlich betrachtet sind übertiebene Warnungen vor den Förderkosten der Photovoltaikanlagen eine Energiesparlüge: Es zeigt sich vielmehr immer deutlicher der insgesamt kostendämpfende Effekt aus der Produktionscharakteristik der Photovoltaik. Deren Stromausbeute ist nämlich genau dann besonders hoch, wenn mit der steigenden Nachfrage auch die Spotmarktpreise steigen – nämlich Mittags. Im Juli 2011 etwa drückten die in Bayern installierten Photovoltaik-Anlagen in den Mittagsstunden den Spotmarktpreis für Strom in Europa (!) unter die sonst nur in der Nacht verrechneten zwei bis drei Cent je Kilowattstunde (sonst liegt der Spotmarktpreis bei bis zu 20 Cent und darüber...) und sparte somit allen Stromkunden Energiekosten. Zum Ärger der E-Wirtschaft, die dann ihre teuren Gaskraftwerke nicht mehr einschalten konnte, die sie herkömmlicherweise für den Spotmarktstrom einsetzt.

Der einzige Nachteil für private Photovoltaik-Investoren: Die öffentlichen Förderungen zu lukrieren verlangt einiges Glück. So kamen 2011 in der Steiermark von den etwa **8000 Antragstellern aus der ersten Viertelstunde der Förderaktion nur rund 1500 auch zum Zug.** Und es verlangt einiges an Know How. Manche Förderbedingungen, wie jene in Niederösterreich, scheinen geradezu als Einstiegshürde angelegt zu sein, sodass das meiste Geschäft mit Photovoltaik nicht die Solaranbieter, sondern die Energieberater machen.

Bleiben unerwartete Restrisiken: Die Feuerwehren standen bis vor kurzem eher ratlos vor dem Problem, wie Löscharbeiten an Häusern mit Photovoltaiktechnologie durchzuführen sind, um Unfälle durch die unter Hochspannung stehenden Installationen am Dach hintan zu halten. Handlungsanleitungen sind in Ausarbeitung.

Das können Sie glauben

- Ohne staatliche Förderungen rentiert sich eine private oder gewerbliche Photovoltaikanlage nach 20 Jahren – oder später.
- Mit Förderungen allerdings sinkt die Amortisationdauer auf 12 – 13 Jahre. Vor allem können Sie sich langfristig gegen steigende Strompreise absichern.
- Weil die Hauptbenefits einer Photovoltaikanlage in der Zukunft liegen, gehen Investitionen in diesen Bereichen als eine Art Pensionsvorsorge durch.
- Volkswirtschaftlich gesehen haben Photovoltaikanlagen einen kostendämpfenden Effekt auf den Strompreis insgesamt – da sie den meisten Strom dann liefern, wenn er am stärksten nachgefragt wird und daher die Preise an den Strombörsen eine starke Tendenz nach oben haben – Mittags.

Quellen

Ökostrom AG, Conrad, ÖMAG, Energy Agency, Umweltberatung Wien/Niederösterreich, E-Control, Wienstrom

23. BESSER WARMDUSCHER ALS ZU HEISS GEBADET?

Der Wasserverbrauch beim Duschen ist in der Regel nicht wirklich geringer als beim Wannenbad.

Die Franzosen tun es am öftesten. 84 Prozent der Befragten sogar täglich. Dann kommen die Spanier mit rund 83 Prozent täglichem Vollzug. Die Österreicher dagegen sind mit täglich rund 69 Prozent ja beinahe – nun ja: Duschmuffel. Der Armaturenspezialist Grohe hatte die Europäer über ihre Duschgewohnheiten befragt und war dabei auf doch deutliche Unterschiede gestoßen. Von der Duschfrequenz, über die Verwendung von Seife und den beliebtesten Duschliedern, bis hin zu der bevorzugten Wassertemperatur. Die fleißigsten Warmduscher waren dabei die Deutschen.

Eines allerdings ist auf der ganzen Welt gleich: Der Mythos, dass Duschen aufgrund des geringeren Wasserverbrauchs viel, viel umweltbewusster sei, als das böse Baden in der Wanne. Wer allerdings genau nachrechnet, wird draufkommen, dass dieses mittlerweile ins Allgemeinwissen übergegangene Scheinfaktum vielleicht nur ein guter Marketingtrick der Duschkabinenhersteller ist? Im Ernst: Tatsächlich zählt der Warmwasserverbrauch beim Duschen und Baden zu den größeren Energiekomponenten eines Privathaushaltes und ist somit kritisch zu hinterfragen. Zumal die Psyche in dem Bewusstsein, die ökologischere Variante gewählt zu haben, zu einem eher sorglosen Umgang mit dem Duschkopf verleitet. Aber das wirkliche Wassermengenverhältnis zwischen den beiden Badezimmerpraktiken hängt vielmehr vom jeweiligen Verhaltensmuster ab, nicht so sehr von der Technologie.

Die modernen Badewannen haben nur ein Füllvolumen von rund 120 bis 150 Litern. Der durchschnittliche Wasserdurchfluss eines Brausekopfes liegt bei rund 10 bis 11 Litern pro Minute. Schon mit diesen Werten gerechnet kippt die bekannte Argumentation: Ein 15-minütiges Duschvergnügen verbraucht so mehr als 150 Liter Wasser und damit unter Umständen um die Hälfte mehr wie eine nicht ganz bis zum Rand gefüllte Badewanne. Wer dagegen übergroße Badewannen mit 300 Liter Füllvolumen mit Wassersparduschköpfen vergleicht, kommt natürlich zu einem verzerrten Ergebnis.

Grund für diesen Dusch-Mythos sind aber auch ungeprüft übernommene Angaben aus Werbeprospekten. Allzu ideologisch-spartanisch angetriebene Badegegner machen über Jahre hinweg einen Fehler in ihren Berechnungen. Sie nehmen die Brutto-Füllmenge der Wannen aus den Herstellerprospekten als Vergleichsgrundlage. Allerdings muss für die praktische Umsetzung eines Bades die **Wasserverdrängung des menschlichen Körpers** abgezogen werden. Und das ist nicht wenig: Ein durchschnittlicher Erwachsener weist ein Körperfüllvolumen von 0,075 Kubikmeter auf, also rund 75 Liter, die man vom Füllvolumen der Badewanne abziehen muss. Und damit halbiert sich der wirkliche Wasserbedarf in der Wanne um mehr als 50 Prozent auf in kleinen Wannen 60 bis 70, in größeren 70 bis 80 Liter Wasser, dem so genannten „Nutzinhalt“. Selbst wenn man zugesteht, dass nicht der ganze Körper beim Baden unter Wasser verschwindet. Und diese Menge ist mit herkömmlichen Duschköpfen bereits nach wenigen Minuten verbraucht – wenn man jetzt moderne Regenschauer-Duschköpfe heranzieht, noch schneller.

Das können Sie glauben

- Entgegen dem verbreiteten Mythos der Verschwendung verbraucht Duschen nicht automatisch weniger Wasser als ein Wannenbad.
- Die jeweilige verbrauchte Wassermenge hängt vielmehr vom Zeitaufwand beim Duschen ab – und vom Füllvolumen der Wanne.
- Schon sechs bis sieben Minuten Duschen verbraucht meist **MEHR** Wasser als eine zum Baden geeignet gefüllte Badewanne. Vor allem dann, wenn für diesen Mengenvergleich korrekterweise das wasserverdrängende Körpervolumen in der Badewanne von deren Bruttofüllmengen laut Herstellerangaben abgezogen wird.

Quellen

Grohe, Kaldewei, wikibooks „Der Mensch in Zahlen", DIN 4708, Teil 1. Teil 2

24. AB IN DEN SÜDEN?

Eine solare Warmwasseranlage hat – im Unterschied zu einer Photovoltaikanlage – auch in unseren Breiten eine überraschend kurze Amortisationszeit.

Natürlich, Österreich ist nicht Griechenland. Das klingt weniger aufregend als es angesichts eines durchaus ähnlichen, nämlich fehlenden wirtschaftlichen Bewusstseins, das Schuldenmachen betreffend, in Wirklichkeit ist. Und es ist die scheinbar ernüchternde Botschaft, dass alle Varianten der Nutzung von Sonnenenergie in der Sahara effektiver funktionieren als nördlich davon. Aber lassen Sie sich davon nicht blenden: Während sich die umständliche Umwandlung von Sonnenenergie in ***Strom*** *wirtschaftlich bislang in unseren Breiten tatsächlich nur schwer darstellen lässt, ist die Umwandlung von Sonnenenergie in* ***Wärme*** *eine durchaus empfehlenswerte Technologie. Das sind zwei ganz verschiedene Paar Schuhe – auch wenn beides gerne zumindest begrifflich verwechselt wird. Die Amortisationszeiten einer Investition in eine thermische Solaranlage sind auch für Private durchaus überschaubar.*

So hat etwa die Umweltberatung Wien/Niederösterreich konkrete Berechnungen angestellt, ab wann sich die thermische Solaranlage rentiert. Diese besteht im Wesentlichen aus einem auf schwarzen Platten aufgebrachten Röhrensystem, durch das das Brauchwasser (oder eine spezielle Speicherflüssigkeit) geleitet wird. Am Dach montiert, wird dieses von der Sonne erwärmt und erhitzt mittels Wärmetauscher das Wasser in einem Brauchwasserkessel. Von März bis Oktober kann damit das Warmwasser zu 100 Prozent von der Sonne erwärmt werden. Die CO_2-Einsparung ist beträchtlich und reicht bis zu 1,5 Tonnen pro Jahr.

Die Amortisationszeit hängt im wesentlichen von dem sonst verwendeten Brennstoff zur Warmwasseraufbereitung ab. Angenommen, ein Fünf-Personen-Haushalt würde sich damit die Erhitzung des Wassers durch Strom ersparen, würden sich die Investitionskosten einer nachträglich installierten

Solaranlage von rund 6000 Euro innerhalb von elf Jahren amortisieren. Und das noch ohne Förderungen, die es – je nach Bundesland unterschiedlich – von öffentlichen Stellen durchaus zu holen gibt. Bei Inanspruchnahme eines geförderten Althaussanierungskredites etwa beträgt die Rückzahlungsrate nicht einmal 75 Euro pro Monat (auf zehn Jahre gerechnet).

Hat man zuvor einen herkömmlichen Ölkessel zur Warmwasseraufbereitung genutzt, würde es (ohne Förderungen) 17 Jahre dauern, bis sich die Investitionskosten für die Solaranlage amortisiert hätten. Gleich bei der Errichtung eines Hauses mitgeplant, reduzieren sich die Amortisationszeiten allerdings wesentlich. Voraussetzung ist auf jeden Fall ein großzügig dimensionierter Warmwasserspeicher (ab 400 Liter und mehr), der die Schwankungen in der Sonneneinstrahlung abpuffert.

Allerdings gibt es auch Einschränkungen. Zum einen kann man aus Witterungsgründen auf eine herkömmliche Warmwasseraufbereitung in unseren Breiten – bis auf wenige Spezialfälle – kaum verzichten. Dazu ist im Winter die Sonneneinstrahlung zu gering. Auch verlängert die Einbindung der Solaranlage in die Heizung deren Amortisationsdauer. Auch hier ist die Ersparnis relativ gesehen geringer, weil zu Zeiten des höchsten Wärmebedarfs wenig Sonnenenergie zu Verfügung steht.

Das können Sie glauben

- Die thermische Nutzung von Sonnenenergie zur Warmwasseraufbereitung ist ökologisch und ökonomisch Pflichtinvestition bei Neubauten.
- Bei Nachrüstung hängen die Amortisationszeiten von dem sonst verwendeten Wärmesystem ab. Wird ein Stromboiler ersetzt, geht es sehr schnell, hat man einen Pelletskessel, dauert es wesentlich länger.
- Verwechseln Sie nicht die Nutzung der Sonnenenergie zur Stromherstellung (Photovoltaik) mit jener zur Wärmeherstellung (Solaranlage). Das sind ganz verschiedene Technologien. Die einzige Gemeinsamkeit: Man braucht schattenfreie Grundflächen.

Quellen

Umweltberatung Wien/Niederösterreich, Energieagentur, Austria Solar

25. SCHMUTZIGE WÄSCHE?

In vielen Fällen ist es klimaschädlicher, Wäsche auf der Leine zu trocknen, als im Wäschetrockner.

Der elektrische Wäschetrockner galt lange Zeit als Symbol schlechthin für unsensibles, dekadent-parasitäres Umweltverhalten einer ignoranten Wegwerfgesellschaft. Dessen empörte Ablehnung gehört somit zum Standardrepertoire ökologischen Gutmenschentums. Ganz so einfach ist es allerdings nicht.

Aus mehreren Gründen. Was die Wäschleineartisten übersehen ist, dass das Trocknen feuchter Wäsche immer Energie benötigt. Gesetzt der Fall, die nasse Wäsche hängt in einem beheizten Raum, wird diesem durch den Trockenvorgang (Verdunstung) Wärme entzogen. Die Wäsche ist somit trocken, aber die fehlende Raumwärme muss nun durch die Raumheizung wieder auf das vorhergehende Wohlfühlniveau gebracht werden. Dieser Vorgang läuft energetisch allerdings ineffizienter ab, als er in elektrischen Wäschetrocknern gesteuert werden kann.

Die Universität Bonn (Gensch und Rüdenauer, 2004) hat in einer Studie genau nachgerechnet und verschiedene Trocknungsvarianten energetisch berechnet. Das Trocknen von 500 Kilogramm Wäsche pro Jahr weist in einem **herkömmlichen Trockenraum** – etwa einer normal beheizten Wohnung im Winter – durch die benötigte Heizenergie ein beachtliches Treibhauspotential von bis zu **576 Kilogramm CO_2-Äquivalenten** auf. Die ökologischste Variante eines **elektrischen Wäschetrockners** (Kondensationstrockner mit Wärmepumpe zur Abluftwärmerückgewinnung) hingegen kommt dabei im Vergleich auf **nur 132 Kilogramm CO_2-Äquivalent** pro Jahr. Bei diesen Modellrechnungen wurde auch die Energiebilanz bei der Herstellung der Geräte/bzw. des Trockenraums berücksichtigt. Dazwischen gibt es alle möglichen Abstufungen: Bläst der Wäschetrockner

die Abluft ins Freie, ist dies auch nicht wirklich effizient, wie umgekehrt das Trocknen auf der Leine im Freien (also im Sommer) zu den energie-, nicht kräftesparendsten Methoden überhaupt zählt.

Darüber hinaus hat ein Wäschetrockner einen weiteren, indirekten energetischen Vorteil: Er erspart das Bügeln. Auch dazu eine Studie, diesmal vom Wiener Institut für Ökologie, Technik und Innovation aus dem Jahr 2008: Für das Bügeln von leinegetrockneter Wäsche (15 Hemden/Blusen pro Woche, 50 Wäschen, 125 Stunden, 2000 Watt-Bügeleisen) braucht man zusätzlich 250 Kilowattstunden Strom, die man sich im Fall eines Wäschetrockners komplett sparen kann. Unabhängig von Trocknungssystem lautet die Empfehlung der Experten, die Wäsche möglichst trocken zu schleudern – damit sinkt der Energieverbrauch eines eingesetzten Wäschetrockners.

Das können Sie glauben

- Ein energieeffizienter Wäschetrockner (Wärmepumpentrockner) ist der (Winter-)Trocknung in geheizten Räumen auch aus ökologischen Gründen vorzuziehen.
- Wäsche auf jeden Fall möglichst trocken schleudern – das ist energetisch effizienter als das Trocknen durch Verdunstung (Wäscheleine).
- Wenn an der Leine trocknen, dann im Freien oder zumindest in unbeheizten Räumen.

Quellen

Gensch, C.-O- und Rüdenauer, I: Ökologische und ökonomische Betrachtung von Wäschetrocknungssystemen. In: Hauswirtschaft und Wissenschaft 1/2004. ÖTI – Institut für Ökologie, Technik und Innovation GmbH, Wien, 2008

26. UM LICHTJAHRE VORAUS?

Insgesamt ist die LED einer normalen Energiesparlampe preislich unterlegen. Noch.

Es ist eines der beliebtesten Rechenbeispiele der Energiesparjünger in heimeliger Eintracht mit der Lampenindustrie: Verglichen mit einer herkömmlichen Glühlampe verbrauche eine moderne LED-Leuchte, in der statt Glühwendeln oder Leuchtgas Niedrigvolt-Leuchtdioden werken, so wenig Strom, dass sich die hohen Anschaffungskosten der LED rasch amortisiert haben sollten. Das ist auch richtig, allerdings: Der Vergleich ist so knapp neben der Wahrheit, dass eine Energiesparlüge nicht weit weg ist. Die LED-Technik muss sich in Wirklichkeit wirtschaftlich nicht mit herkömmlichen Glühlampen messen lassen, die ohnehin ab 2012 zur Gänze verboten sind, sondern mit der bereits etablierten normalen Energiesparlampe. Und da schaut die Rechnung anders aus.

So ist eine LED-Lampe mit der Leuchtkraft einer 40-Watt Glühbirne derzeit in der Regel um ca. 30 Euro zu haben. Zusammen mit den Stromkosten (durchschnittliche Leuchtdauer pro Tag rund vier Stunden) ergibt das im Laufe der bislang wenig praxiserprobten Lebensdauer (etwa zehn Jahre) rund **90 Euro an Gesamtkosten**. Da bleibt doch die herkömmliche Energiesparlampe mit Gesamtkosten von **rund 50 Euro** deutlich billiger. Das liegt daran, dass das Einsparungspotential einer LED beim Stromverbrauch im Vergleich zu einer normalen Energiesparlampe nicht mehr so hoch ist (85 Prozent versus 75 Prozent im jeweiligen Vergleich zu den Werten einer alten Glühlampe). Daher schlagen die hohen Anschaffungskosten der LED voll zu Buche, trotz der einen oder zwei notwendigen Ersatzbeschaffungen, die im Laufe von zehn Jahren Betriebsdauer vergleichsweise bei einer Energiesparlampe eingerechnet werden müssen.

Dass auf dieselbe Brenndauer gerechnet eine Glühbirne tatsächlich auf Gesamtkosten von etwa 233 Euro kommt (inklusive der dabei notwendigen

25 Ersatzbirnen), sollte niemanden beeindrucken. Denn ab 2012 sind auch die letzten Reste der alten „Heiz"-Leuchtentechnik (derzeit noch die 60 bis 100 Watt-Lampen) im europäischen Handel ohnehin verboten (mittlerweile auch unter der Bezeichnung „heating-ball", unter der ein findiger fernöstlicher Hersteller das europäischer Verbot kurzfristig umgehen konnte).

Dennoch – und das ist auch der wahre Kern der Energiesparlüge – kann man den Umstiegsempfehlungen der Experten zur LED vertrauen. Wenn auch nicht aus Kostengründen. Zum einen steht der Umweltbelastung der Energiesparlampe bei Produktion und Entsorgung (enthält Quecksilber) eine durchaus saubere LED-Technik gegenüber. Und deren Praxistauglichkeit durch exzellente Farbwiedergabe und schnelle Verfügbarkeit schlägt den nachlassenden Lichtkomfort und die teilweise langen Vorwärmphasen einer durchschnittlichen Energiesparlampe deutlich. Und wenn die Marktregeln nur halbwegs funktionieren, sinkt der Preis für die LED-Technik bald so weit, dass auch das Kostenargument stimmig wird.

Das können Sie glauben

- Vergessen Sie Kostenvergleiche der LED-Lampe mit alten Glühlampen: diese sind ab 2012 ohnehin komplett verboten.
- Die normalen Energiesparlampen sind auch über die längere Lebensdauer einer LED-Lampe derzeit preislich nicht zu toppen.
- Allerdings wiegt das Komfortplus der LED-Technologie (Lichtqualität, schnelle Verfügbarkeit) die Kostennachteile gegenüber der Energiesparlampe auf.

Quellen

Zumtobel, Ikea, Umweltberatung Wien/Niederösterreich, Energy Agency

27. ALTE STROMFRESSER RAUS?

Der Austausch von funktionierenden Elektrogeräten rentiert sich nur bei Uraltgeräten und extremen Verbrauchern.

Alte Stromfresser raus. Das ist der eingängige Slogan, der rund um Haushaltsgeräte gerne in die Marketingschlacht geworfen wird. Und er trifft auch bei uns Konsumenten auf durchaus offene Ohren. Doch es lohnt sich, kurz über eine mögliche Energiesparlüge nachzudenken: Denn gerade bei der Unterhaltungselektronik ist der Stromverbrauch beim Betrieb die geringste energieverbrauchende Komponente im Lebenszyklus der Geräte. Meist verschlingt die Herstellung eines neuen Gerätes (sogenannte „graue Energie") weit mehr Energie als die vergleichsweise geringen Einsparungseffekte im Betrieb ausmachen würden. Die Reparatur des Altgerätes kann daher die ökologischere Variante sein. Auch abgesehen davon: Der Austausch lohnt sich wirtschaftlich nur bei wirklich alten Stromfressern.

Beispiel Audioanlage: Ein Altgerät mit rund 100 Watt bedeutet (bei zwei Stunden Einschaltdauer pro Tag) rund 40 Euro an Stromkosten pro Jahr. Halbiert man den angenommenen Stromverbrauch bei einer 300 Euro teuren Neuanlage, würde sich die Neuanschaffung rein rechnerisch durch die Vermeidung von Stromkosten in rund 15 Jahren amortisieren – ein relativ langer Zeitraum für Unterhaltungselektronik, bei minimalem Umwelteffekt. Gleiche Rechnungen lassen sich für alle elektronischen Geräte im Haushalt anstellen. Ein neuer LCD-Monitor muss schon einen Stromeinsparungseffekt von über 70 Prozent aufweisen, um sich noch innerhalb der Halbwertszeit von Computertechnologie halbwegs zu rentieren (vier bis fünf Jahre). Gleiches gilt für Kühlschränke oder Waschmaschinen: Man muss relativ hohe Strom-Einsparungswerte im Betrieb annehmen, um zu halbwegs kalkulierbaren Amortisationszeiten zu kommen.

Wer sehr alte Geräte hat und diese mit effizienten Neugeräten (Klassifizierung:

A+++) vergleicht, kann diese Werte erreichen. Mit einem Energiemessgerät kann der genaue Stromverbrauch von Haushaltsgeräten bestimmt werden. Das Gerät wird einfach zwischen Haushaltsgerät und Steckdose platziert und ermittelt den aktuellen Stromverbrauch. Viele Geräte können auch gleich den Jahresstromverbrauch und die Kosten dafür errechnen. Das Ergebnis ist umso genauer, je länger gemessen wird. Wichtig: Achten Sie beim Kauf eines Energiemessgeräts darauf, dass die Wirkleistung und nicht die Scheinleistung gemessen wird! Stromkosten beziehen sich immer auf die Wirkleistung.

Leichter ist es jedenfalls, den Energieverbrauch zu senken, indem man Geräte weniger benutzt bzw. nicht parallel laufen lässt. Allein durch richtige Bedienung und Beachten einfacher Regeln kann der Energiebedarf von Haushaltsgeräten sofort merkbar verringert werden (Kochen mit Deckel, Töpfe passend auf die Herdplatten, Positionierung des Kühlschrankes nicht neben dem Herd, usw). Und vor allem: Überlegen Sie vor dem Kauf, ob Sie das Gerät tatsächlich benötigen. Wenn Sie sich ein Neugerät anschaffen, dann aus Gründen der Ästhetik, der Praktikabilität oder der Optik oder weil das alte tatsächlich kaputt ist. Aber weniger aus Gründen des Energiesparens.

Das können Sie glauben

- Die Stromersparnis beim Austausch von elektrischen Haushaltsgeräten ist meist zu gering, um tatsächlich eine wirtschaftliche Amortisation zu erreichen.
- Funktionierende Geräte sollten aus ökologischen und wirtschaftlichen Gründen nur dann ausgetauscht werden, wenn sie tatsächlich Stromfresser sind.
- Ökologischer ist es, Haushaltsgeräte effizient zu nutzen.

Quellen

Umweltberatung Wien /NÖ, E-Control

28. GUT GEDÄMMT, LÖWE?

Was für Neubauten das Energiekonto füllt, weist bei Sanierungsvorhaben eine wirtschaftlich dürftige Bilanz auf.

Kinder, zieht euch warm an. Außenrum bitte eine dicke Daunenjacke, auf den Kopf eine dicke Pudelmütze und unbedingt: Schuhe mit dicken Sohlen nicht vergessen. Und dann kann es losgehen mit dem kalten Vergnügen, ohne Gefahr, sich Schnupfen, kalte Füße oder frierende Finger zu holen.

Der klassische Vortrag der Eltern, wenn der Nachwuchs zu kalten Jahreszeit ins Freie will, kann locker auch für Häuser gelten. Kein Wunder daher, wenn landauf, landab Häuser eingepackt werden wie die Sprösslinge. Außenrum Styropor oder, ökologischer: Schafwolle (nicht weit weg von der Daunenjacke), obenrum eventuell eine Zellstoffschüttung. Die kalte Jahreszeit kann kommen, ohne sich kontomäßig zu verkühlen.

Und tatsächlich: Die Dämmung ist das A&O beim **Haus-Neubau**. Nach und nach werden die offiziellen Bauordnungen und Förderrichtlinien auf Passivhausstandard umgeschrieben. Ein solcherart gedämmtes Haus braucht so gut wie gar keine Fremdenergie zur Erhaltung der notwendigen Raumwärme – da reichen Sonneneinstrahlung, Glühlampen oder die Körperwärme

anwesender Hausbewohner (wird ernsthaft in Energieflussrechnungen mit einbezogen). „Häuser zu heizen ist heutzutage nur mehr die permanente Behebung eines Bauschadens", lautet mittlerweile ein beliebtes Architektenbonmot.

Gut gebrüllt, Löwe. Allerdings – der Kostenvorteil lässt sich nicht so ohne weiteres auf Sanierungsvorhaben bei Altbauten übertragen. Was aus ökologischen Gründen durchaus Vorteile bringt – jede eingesparte Heizenergie etwa eines fossilen Heizungssystems ist zu begrüßen – hat aus wirtschaftlicher Sicht eine äußerst lange Amortisationszeit. Das liegt daran, dass die Heizungskosten subjektiv meist überschätzt werden. Gut gedämmt ist bestenfalls zu einem Viertel gewonnen.

Die heimische Energieagentur hat etwa vor zwei Jahren an einem typischen Einfamilienhaus durchgerechnet, dass ein Gesamtpaket mit Dämmung der Außenwände, der obersten Geschossdecke und des Fußbodens inklusive Fenstertausch (ohne Förderungen) rund 40.000 Euro kosten würde und sich wegen eingesparter Heizkosten nach 27 Jahren amortisieren würde. Bei Förderungen würde sich der Zeitraum auf 23 Jahre reduzieren. Bei einer Modellrechnung im Wirtschaftsmagazin „trend" wurden in einer noch etwas optimistischeren Variante rund 17 Jahre Amortisationszeit berechnet.

Diese Rechnungen hängen vor allem von den Ausgangsbedingungen ab. Je schlechter diese sind, umso eher rentiert sich die Sanierung. Die Umweltberatung etwa geht von Wärmedurchgangswerten (U) der Außenwände von 1,1 bis 0,9 vorher, und 0,1 bis 0,28 nachher aus: Das bedeutet eine **Verbesserung ums Zehnfache**. Sind schon die Ausgangswerte nicht ganz so schlecht, lässt sich eine Dämmung im Rahmen einer Sanierung wirtschaftlich oft gar nicht mehr begründen. Wobei sich hier dummerweise zwei Maßnahmen aus wirtschaftlicher Sicht schwer im Weg stehen: Bei einem wärmemäßig optimal sanierten Haus rentiert sich der Austausch des Heizungssystems kaum mehr, weil dann die Heizkosten ohnehin sehr nieder sind. Und umgekehrt: Bei einem bereits heizungsmäßig optimierten Haus rentiert sich die Wärmedämmung beinahe nicht, weil die Brennstoffeinsparung nicht mehr sehr hoch ist.

Der wahre Kern: Freilich müssen auch andere Faktoren in die Berechnung mit einfließen, wie Experten nicht müde werden zu betonen: Schon eine normale Wartung einer Fassade benötigt einigen Aufwand. Dabei lassen sich günstiger auch thermische Sanierungsmaßnahmen einplanen. Zweitens kippen die Berechnungen schneller in Richtung Amortisation, wenn man steigende Energiepreise mit einkalkuliert – und das ist angesichts der Energiekrise nach Fukushima keine allzu wagemutige Kalkulation. Und drittens lassen sich derartige Investitionen durchaus auch als eine Art Pensionsvorsorge sehen: Wenn das verfügbare Einkommen weniger wird, beginnen die meisten Amortisationsrechnungen so richtig zu wirken. Anstelle also spekulativer Aktieninvestments lassen sich so berechenbare Benefits fürs Alter argumentieren.

Das können Sie glauben

- Nachträgliche thermische Sanierung rechnet sich sehr spät, aber doch. Sie brauchen einen langen Atem.
- Erwarten sie keine finanziellen Wunder, aber kalkulieren sie mit einer Art Pensionsvorsorge.
- Je schlechter die Ausgangswerte, umso eher amortisiert sich die Investition. Wobei Sanierung des Heizsystems und thermische Sanierung der Gebäudehülle sich meist gegenseitig den Kostenvorteil stehlen.
- Ökologisch ist eine Thermosanierung auf jeden Fall vorbildlich. Neubauten ohne Niedrigenergiestandards sind Steinzeit.

Quellen

Energieagentur, Umweltberatung Wien/Niederösterreich

29. HANDY AN DIE LEINE?

Auch ohne angeschlossenes Handy verbrauchen angesteckte Ladegeräte Strom – und heizen ungewollt den Raum.

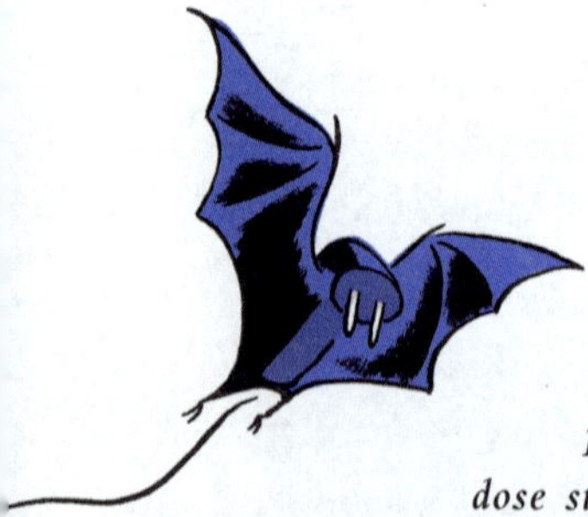

Es hat das Wohnungsschlüssel-Suchen als wohl einer der beliebtesten Volkssportarten seit einigen Jahren abgelöst: Das Handy-Suchen. Stets ist das mobile Kommunikationswunder unauffindbar – besonders zuhause. Kein Wunder, wenn findige Designer eine Suchhilfe kreiert haben, die aus einem simplen Kunststoffhaken besteht, der über das in der Steckdose steckende Ladegerät gehängt wird und auch eine kleine Auflagefläche für das Gerät selbst anbietet. So ist alles immer fein beisammen und auffindbar, Steckdose, Ladegerät und Handy.

Allerdings – das funktioniert nur, wenn das Ladegerät auch tatsächlich in der Steckdose steckt. Sonst hat das Kunststoffteil keine (auffindbare) Verankerung und das Suchen geht erst recht los.

Ein angestecktes Ladegerät ist jedoch einer der heimtückischsten Energieverschwender überhaupt. Denn auch wenn das Ladekabel gar nicht im Handy steckt, verbraucht das Netzteil Strom. Gut erkennbar daran, dass die meisten Ladegeräte im angesteckten Zustand durchaus handwarm sind.Laut Handyhersteller Nokia werden zwei Drittel der gesamten Energie, die rund ums Laden der Handy-Akkus draufgeht, in Wirklichkeit dann verschwendet, wenn der eigentliche Zweck erfüllt ist und das Handy bereits geladen und abgesteckt in einer Hosentasche verschwindet.

Denn so ein Ladegerät funktioniert keineswegs so wie ein Gartenschlauch, der kein Wasser mehr liefert wenn der Hahn abgedreht ist. Der im Ladegerät eingebaute Transformator, der die 240 Volt Netzspannung auf die für den Handyakku verträgliche 12 Volt umspannt, verbraucht permanent Strom, ist er einmal mit dem Netz verbunden. Und zwar zwischen 0,6 und 1,7 Watt, wie etwa die Energieagentur Nordrhein-Westfalen unlängst nachgemessen hat. Das macht pro Jahr mindestens vier, fünf Kilowattstunden, die zwar für den Einzelhaushalt bei den Stromkosten kaum spürbar sind (ein bis zwei Euro). Aber die Masse macht das Problem: Alleine in Deutschland, so wird geschätzt, sind rund 100 Millionen Ladegeräte in Umlauf, macht in Summe einen dreistelligen Millionenbetrag, der eingespart werden könnte, wenn man nur die Handyladegeräte nach dem Ladevorgang immer vom Netz trennen würde. Ganz zu schweigen von den übrigen elektronischen Haushaltsgeräten, in denen ein Netzteil ständig unter Strom steht (siehe auch „Aus heißt aus?" – wie der Stand-by-Betrieb zwei Atomkraftwerke beschäftigt).

Weil das aber schon zuviel der Verhaltensänderung für uns faule Konsumenten wäre, haben sich die Handyhersteller immerhin ein Bewertungssystem für Ladegeräte, den „No-load consumption score chart", einfallen lassen. Demnach bekommen Energiefresser, die über 0,5 Watt im Leerlauf benötigen, keinen Stern, solche, die unter 0,03 Watt bleiben dagegen 5 Sterne. Somit könnte der energiesparbewusste Konsument sein Einkaufsverhalten ausrichten. Weiters in Entwicklung sind Handys, die den benötigten Strom selbst erzeugen, entweder durch eine Photovoltaikoberfläche, oder kinetisch (durch Bewegungsenergie = Schütteln). Dann kann man das Handy ruhigen Gewissens wieder auf einer Designer-Dockingstation liegen lassen – und findet es wieder.

Das können Sie glauben

- Ladegeräte für Handys verbrauchen auch dann Strom, wenn das Handy gar nicht angesteckt ist.
- Die Stromverschwendung ist für den Einzelhaushalt kaum messbar, für alle Handyuser weltweit allerdings sehr wohl.
- Ladegeräte werden nach Leerstromaufnahme klassifiziert, von 5-Sterne bis Null-Sterne.

Quellen

Zeit Online Wissen, Wirtschaftswoche, Energieagentur Nordrhein Westfalen, Nokia

30. SCHMUTZIGE HÄNDE?

Geschirrspülen per Hand ist in vielen Fällen weniger ökologisch als mit Maschine.

Wer sich zu einem ökologisch bewussten Lifestyle ein zwingendes „Zurück zur Natur“ vorstellt, liegt manchmal kräftig daneben. Wer es gar zum Dogma erhebt, kratzt an einer Energiesparlüge (wobei das Wort „kratzen“ hier besonders passt, wie sich später noch zeigen wird). Ganz besonders beim Geschirrspülen. Vielfach grassiert die Vorstellung, dass die Drecksarbeit nach den Mahlzeiten am besten per Hand zu erledigen sei – eine Maschine könne das nicht effizienter erledigen. Allerdings zeigen die Untersuchungen ein gegenteiliges Bild: Wer sich nicht äußerst konzentriert an die Arbeit macht, verbraucht beim Handanlegen an schmutzige Teller, Löffel und Gläser in der Regel mehr Energie und Wasser als die meisten modernen Geschirrspülautomaten.

Die Universität Bonn hat erst unlängst eine groß angelegte Verbraucherstudie unternommen und diese Erkenntnis mit Zahlen untermauert, freilich im Auftrag großer Elektrogerätehersteller. Allerdings decken sich die Ergebnisse der Auftragsarbeit mit denen früherer unabhängiger Laboruntersuchungen und sind daher durchaus plausibel: Spülen mit der Maschine braucht im Durchschnitt 50 Prozent weniger Wasser und 28 Prozent weniger Energie als Handspülen. Damit ist es zumindest aus Sicht der Betriebskosten nicht nur ökologisch, sondern auch wirtschaftlich günstiger, das Geschirr in die Maschine zu verfrachten.

Der Grund dafür liegt im Verbraucherverhalten: Die Handwäscher verbrauchten im Schnitt über 100 Liter Wasser und 2,5 Kilowatt Strom. Ein gutes Geschirrspülgerät dagegen kommt dagegen mit rund 15 Liter Wasser und maximal zwei Kilowatt Strom für dieselbe Geschirrmenge aus. Vor allem der Umgang mit dem kostbaren, einmal erwärmten Wasser ist hier meist sehr effizient geregelt. Das lässt sich auch in Geld berechnen: Rund 100 Euro pro Jahr spart etwa eine fünfköpfige Familie durch die optimale Maschinenwäsche – damit haben sich die Kosten für den Kauf eines Geschirrspülers in der Regel in kürzester Zeit amortisiert.

Allerdings – die Bandbreite in dieser Rechnung ist durchaus groß. Und damit kommen wir zum wahren Kern der Energiesparlüge: Denn die Bonner Wissenschaftler hatten natürlich die effizienteste Maschine gegen eine Schar untrainierter Haushaltssklaven antreten lassen. Wer jedoch die Handtechnik der Geschirreinigung beherrscht, kommt den energetischen Messwerten einer Maschine durchaus nahe. Dazu zählt vor allem:

- Essensrest vom Geschirr kratzen (kratzen: das ist das Stichwort) statt spülen,
- Geschirr nicht unter laufendem Warmwasser vorspülen,
- zwei Becken für Kalt- und Warmwasser benutzen,
- das Spülmittel richtig dosieren.

Unter diesen Voraussetzungen kann der Wasserverbrauch bei der Handwäsche auch auf rund 30 Liter und der Stromverbrauch auf zwei Kilowatt reduziert werden. Das wiederum kommt dann schon knapp an die Maschinenversion heran. Oder schlägt diese sogar, denn diese hat dazu noch mal zwei Nachteile, die in den Rechnungen bisher nicht aufschienen:

Denn erstens werden in den meisten vergleichenden Berechnungen die Energiebilanz bei der Herstellung des Geschirrspülgeräts genauso wenig betrachtet, wie die eines Handwaschbeckens, das sind die so genannten Lifecycle-Costs. Tut man dies aber, wird man feststellen, dass der Energieaufwand zur Herstellung der Maschine – umgelegt auf ihre Nutzungsdauer – die gesamte Energiebilanz im Vergleich zum Handwaschbecken wiederum deutlich verschlechtert.

Und zweitens – so stellten die Bonner Wissenschaftler ebenso fest – werden die theoretischen Bestwerte der maschinellen Geschirrspüler dadurch verschlechtert, dass die meisten Waschgänge mit halber Befüllmenge stattfinden – damit verdoppeln sich in der täglichen Realität hier die Verbrauchswerte. Zieht man also nicht die Laborbedingungen, sondern das Verbraucherverhalten heran, dann herrscht Einstand im Energiematch zwischen Maschine und Mensch. Stellt man dann auch noch teurere Geschirrspülautomaten über der 700-Euro-Grenze in Rechnung, kippt die Bilanz doch wieder zugunsten des bewussten Handwaschens.

Das können Sie glauben

- Abspülen mit der Maschine ist in der Regel weder ökologischer Frevel noch ökonomischer Hasard. Trotz hoher Energiepreise.
- Im Durchschnitt spart eine fünfköpfige Familie rund 100 Euro pro Jahr durch die Maschinenspülung – wenn sie es richtig macht. Damit amortisieren sich zumindest billigere Geschirrspülautomaten in einem sinnvollen Zeitraum.
- Allerdings: Werden eine optimierte Abspültechnik per Hand, die durchschnittlich schlechte Auslastung eines Maschinenwaschganges und dazu noch die echten Lifecycle-Costs eines Geschirrspülautomaten in Rechnung gestellt – spricht einiges für Handarbeit.

Quellen

Forum-Waschen, Universität Bonn, Energieagentur Nordrhein Westfalen

31. AUS HEISST AUS?

Ein ganzes Donaukraftwerk in Österreich läuft nur wegen den Standby- und Offmode-Funktionen elektrischer Haushaltsgeräte.

Gibt es ein Leben nach dem Tod? Geht weniger als Nichts? Ein Weiter nach dem Aus? Ja, durchaus, betrachtet man das Leben und den Ausschaltknopf elektronischer Haushaltsgeräte. Denn selbst bei betätigtem Off-Schalter wird noch Strom verbraucht oder vielmehr: verschwendet. Tatsächlich ist die Menge nicht wirklich groß. Wer aber den Werbeaussagen der Hersteller Glauben schenkt, dass dieser Faktor deswegen vernachlässigbar sei, sitzt einer Energiesparlüge auf. Denn er summiert sich bei der Menge der am Netz hängenden Haushaltselektronik insgesamt zu einer durchaus wahrnehmbaren Größenordnung.

Dabei sind zwei Arten zu unterscheiden. Zum einen der sogenannte Off-Modus, der herkömmlich betrachtet ein ausgeschaltetes Gerät simuliert. Die Geräte können in diesem Zustand keine Funktionen ausführen, es ist nach außen kein Signal sichtbar – die Geräte brauchen aber dennoch Strom. Das liegt vor allem an den Netztransformatoren, Spannungswandlern, die den 240-Volt Netzstrom auf gerätetaugliche 12 oder 24 Volt umspannen. Diese stehen permanent unter Strom und produzieren Wärme, wenn das Gerät scheinbar schon ausgeschaltet ist.

Der zweite Zustand ist die bekannte Standby-Funktion, die vor allem die zeitaufwändigen Startprozeduren verhindert. Diese braucht weniger Strom als ein laufendes Gerät – allerdings lange nicht so wenig, wie man vermuten würde. Die in diesen beiden Gerätezuständen benötigte Strommenge beläuft sich in Österreich etwa auf über 800 Gigawattstunden pro Jahr. Das sind rund 1,4 Prozent der insgesamt verbrauchten Strommenge und etwa jener Beitrag, den ein mittleres Donaukraftwerk pro Jahr liefern kann.

Wer dies nur volkswirtschaftlich in Rechnung stellt, betrachtet nicht die ganze Wahrheit: Auf den Stromverbrauch von Haushalten gerechnet (also den Stromverbrauch der Industrie zu Vergleichszwecken außer Acht gelassen) werden die Prozentwerte der Standby- und Offmodusverbräuche noch höher: Hier machen diese Funktionen im Durchschnitt bereits 5,2 Prozent der Stromkosten insgesamt aus, berechnete unlängst das Institut für elektrische Anlagen der TU Graz. Auf Einzelhaushalte umgebrochen kann es noch viel mehr sein, denn bei der Durchschnittsberechnung der Wissenschaftler wurden auch die besonders stromfressenden Heizlasten berücksichtigt. Ohne diese – immerhin hat nicht jeder Haushalt eine Stromheizung – kann sich der Anteil der sogenannten **Leerverbräuche von Elektrogeräten** im Einzelfall auf über 10 Prozent noch verdoppeln. Und das ist bereits pro Haushalt finanziell im dreistelligen Euro-Bereich spürbar, berechnet etwa die deutsche Energieagentur. Und mit bis zu 400 Kilowattstunden ungefähr so viel, wie ein Kleinhaushalt im Halbjahr insgesamt an Strom braucht.

Viele Werbeaussagen der Hersteller sind dabei nicht mehr als ein grünes Mäntelchen – oder gar reine Energiesparlügen. Denn sie müssten bereits seit zwei Jahren eine EU-Vorschrift berücksichtigen, nach der elektrische Haushaltsgeräte im

- Off-Modus maximal ein Watt, und im
- Standby-Modus maximal zwei Watt verbrauchen.

Ab dem Jahr 2015 werden diese Werte noch mal halbiert. Doch da die offiziellen Energielabel der EU für Haushaltsgeräte darüber keine Auskunft geben, ist auch das Konsumentenbewusstsein darüber nicht wirklich ausgeprägt und für die Hersteller fehlt der Druck, die Geräte tatsächlich sparsamer zu machen. Noch liegen die Durchschnittswerte nach wie vor meilenweit darüber, zeigen alle Untersuchungen: Ein Computer mit Bildschirm, Drucker/Scanner und Modem verbraucht im Standby-Modus („Energiesparen") schon mal 30 Watt (!), eine HiFi-Anlage oder ein DVB-T-Reciever im Durchschnitt 10 Watt, ein DSL-Moden sieben Watt. Ein DVD-Recorder mit Festplatte wird in derartigen Berechnungen mit acht Watt veranschlagt, Spielkonsolen immer noch mit drei Watt.

Das können Sie glauben

- Auch im Off-Modus (also: Gerät per Schalter scheinbar ausgeschaltet) verbrauchen viele elektrische Haushaltsgeräte Strom. Und zwar gemeinsam mit den Standby-Modus im Wert von über 100 Euro pro Jahr im Durchschnittshaushalt.

- Dagegen hilft nur radikal ausschalten: Entweder über ein schaltbares Netzteil, notfalls auch per Funk (Geräteinformation beachten) oder über eine schaltbare Steckerleiste.

- Viele Energiesparwerbungen der Hersteller bedeuten keine grüne Vorreiterfunktionen, sondern bestenfalls die Berücksichtigung der gesetzlichen EU-Vorgabe: seit 2010 gelten maximal ein Watt im Offmodus und zwei Watt im Standby. Ab 2015 sind 0,5 Watt im Offmodus und ein Watt im Standby vorgeschrieben.

Quellen

TU Graz, EU-Richtlinie 2005/32/EG, Statistik Austria, Deutsche Energie Agentur, Bund der Energieverbraucher

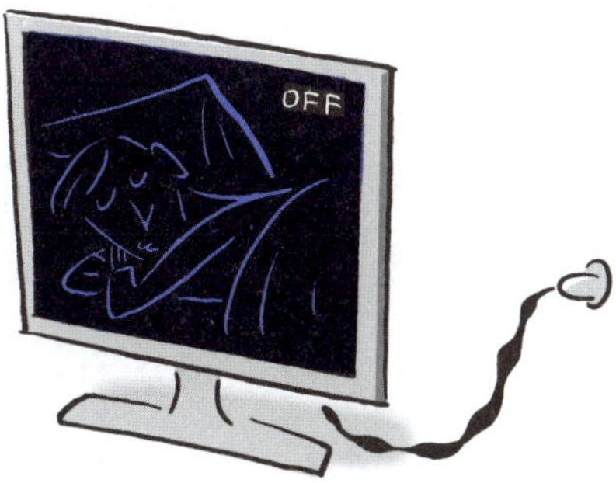
OFF

32. FERNSEHEN ZUM QUADRAT?

Die Technologiesprünge bei TV-Apparaten bringen alles mögliche – nur keine Stromersparnis.

Normalerweise bedeutet der Neukauf eines elektronischen Haushaltgerätes automatisch auch eine – manchmal auch geringe – Einsparung beim Stromverbrauch. Kaum ein Kühlschrank, eine Waschmaschine oder ein Elektroherd, der nicht in modernerer Ausführung deutlich effizienter mit den Kilowatt umgeht als die jeweiligen Vorgänger. Beim Fernseher ist das allerdings ein wenig anders. Kaum einer der Technologiesprünge der vergangenen Jahre – vom Röhrengerät über den Plasmabildschirm hin zum LCD-Fernseher – hat einen eindeutigen Vorteil beim Stromverbrauch gebracht.

Das liegt an mehreren Gründen. Der Stromverbrauch der lange Zeit als Energiefresser verschrieenen Plasma-Geräte hängt nämlich stark von der gezeigten Bilddarstellung ab. Hell beleuchtete Passagen brauchen viel Strom, dunkle dagegen deutlich weniger. Die Spannweite kann da durchaus zwischen 50 bis 300 Watt liegen. Das ist im Extremfall also weniger als bei LCD-Bildschirmen. Deren Schwankung ist weit flacher, leuchtet doch die Hintergrundbeleuchtung permanent, egal, wie viel Pixel die Mattscheibe gerade verdunkeln. Vergleichsweise stabile Werte von 120 bis 170 Watt sind hier keine Seltenheit. Im Durchschnitt allerdings – über die Darstellungsdauer eines ganzen TV-Films – gleichen sich die Verbrauchswerte der beiden Technologien aneinander an, stellte etwa die Fachzeitschrift „video“ in ihrer hauseigenen Test-Factory wiederholt fest.

Tatsächlich weniger Strom – geringfügig, aber immerhin – benötigt in der Regel die neue LED-Beleuchtungstechnologie für den Flüssigkristallbildschirm (LED-LCD) – hier hat die Stiftung Warentest etwa unlängst eine mögliche Kosteneinsparung von rund 15 Prozent errechnet, wird doch die notwendige Hintergrundbeleuchtung nicht mehr von einer Leuchtstoffröhre, sondern von Leuchtdioden erzeugt. Ein 40-Zollgerät verbraucht im

Durchschnitt etwa 100 Watt. Allerdings – auch die Spitzenreiter der herkömmlichen LCD-Technik kommen auf unter 100 Watt.

Allerdings kommt hier das zweite Phänomen zum Tragen: Viel wichtiger als die Bildschirmtechnik ist die Bildschirmgröße. Und hier zeigt sich, dass die Neuanschaffung eines TV-Gerätes meist mit einer Vergrößerung der Bilddiagonalen einhergeht. Jeder Zentimeter Bildschirmdiagonale allerdings erhöht in der Regel den Stromverbrauch. Und zwar, na klar, zum Quadrat: Eine **Verdopplung der Diagonale** ergibt eine **Vervierfachung** der Bildschirmfläche und **des Stromverbrauchs**.

Und nicht nur das – sind auch noch, wie der Trend eindeutig verfolgbar ist, Zusatzgeräte im Fernseher eingebaut wie Aufnahmegeräte, erhöhen diese selbst im unbenutzen Zustand den Stromverbrauch. Denn selbst im Stand-by-Modus ziehen die Verbrauchergeräte Strom aus dem Netz, wenig, aber messbar.

Daher soll sich nun langsam die neue EU-Energiekennzeichnung für Fernsehgeräte im Handel durchsetzen. Bis zum Jahr 2020 soll die Skala – ähnlich wie bei der Weißware – auf A+++ erweitert werden. Ein Wert, den derzeit noch kaum ein handelsübliches Gerät erreicht. Allerdings wird das Labeling kein wirkliches Umdenken bei den Konsumenten bewirken und auch den absoluten Stromverbrauch durchs Fernsehen nicht senken: Es wird nämlich der Stromverbrauch relativ zur Bildschirmgröße bewertet. Und das führt zu dem Effekt, dass der absolute Stromverbrauchswert verschleiert wird. Kleine Fernseher können mit diesem Energiekennzeichen also schlechter abschneiden, obwohl sie absolut gesehen weniger Strom verbrauchen als ihre großen Brüder im Kinoformat. Und dass der Trend zu größeren TV-Geräten geht, ist auch kein Geheimnis. 2010 stellte Panasonic den damals größten 3D-Fernseher der Welt vor, der mit rund drei Metern Breite tatsächlich Kinoformat hat. Der Stromverbrauch in der 152-Zollversion: bis zu 4500 Watt.

Dass der Stromverbrauch eines Fernsehers keine Lappalie ist, zeigt die jüngste Berechnung der Stiftung Warentest. Die hat hier eine 12-jährige Nutzungsdauer mehrerer Geräte verglichen und ist dabei auf Unterschiede zwischen 161 bis 1671 Euro gekommen. Da lohnt einmal kurz nachrechnen. Die einfachsten Maßnahmen allerdings liegen nicht in der Technologie, sondern im Verbraucherverhalten: Ein kleinerer Fernseher, dessen Displayhelligkeit gedimmt wird, verbraucht am wenigsten Strom. Bis auf den, der gar nicht eingeschaltet wird.

Das können Sie glauben

- LCD-Fernseher sind nicht automatisch Stromsparer, Plasmageräte nicht automatisch Stromfresser.
- Der wesentliche Faktor ist die Bildschirmdiagonale: Eine Verdopplung bringt eine Vervierfachung der Stromkosten.
- Das neue EU-TV-Energielabel begünstigt energiehungrige Großbildschirme und benachteiligt sparsame Kleingeräte.

Quellen

Stiftung Warentest, Video-Test-Factory, energieinfo.de, AUDIO VIDEO FOTO BILD

33. EISKALTE ARGUMENTE?

Die No-Frost-Technologie schummelt bei der Energiekennzeichnung und braucht mehr Strom als herkömmliche Gefrierschränke.

Geht es nach Kindern, sind die Eiswürferl im Saft fast noch wichtiger als der Saft selbst. Immerhin gilt das gefrorene Kühlmittel als halbwegs brauchbarer Erlebnis-Ersatz, wenn die humorlosen Eltern wieder einmal die lebensnotwendige dritte Eisportion am Tag verweigern. Kein Wunder daher, wenn das wichtigste Haushaltsgerät für viele Kinder gleich nach dem TV-Gerät auch das Gefrierfach im Kühlschrank ist. Geht es allerdings nach der gängigen Ratgeberliteratur, geht es dort eher um die ökologisch böse Eis-Variante, nämlich jene an den Wänden des Gefrierfaches – diese setzt die Kühlleistung herab und trägt so zur Energieverschwendung bei. Die Abhilfe wird ebenso oft zitiert: regelmäßiges Abtauen helfe Stromsparen. Das wiederum ist eine marketingmäßige Steilvorlage für die Gerätehersteller: Das lästige Abtauen könne man sich ersparen, wenn man ein Gerät mit so genannten No-Frost-Gefrierfächern kaufe: die halten die energiefressende Eisbildung in den Gefrierfächern hintan, auch ohne das lästige Abtauen und wären somit die ökologisch erste Wahl.

Allerdings – es besteht dringender Energiesparlüge-Verdacht. Denn der Betrieb der No-Frost-Technik verbraucht in Wirklichkeit und grundsätzlich deutlich mehr Strom als ein gleichwertiges Gerät ohne No-Frost-Technologie, das fand das Institut für angewandte Ökologie in Deutschland in einer Studie heraus. Bei Gefrierschränken mit 190 Liter Nutzvolumen erhöhte sich etwa der Energieverbrauch je nach Effizienzklasse um bis zu 24 Kilowattstunden pro Jahr, das ist ein Plus zwischen zehn und 15 Prozent. Der Grund ist das extra durch Gebläse unterstützte Umluftsystem einer No-Frost-Anlage, die die feuchte Luft aus dem Kühlraum zu einem externen Verdampfer bringt und getrocknet wieder einbläst. Das verhindert zwar halbwegs die Eisbildung im Kühlfach, kostet aber Strom.

Ausnahmeregelung. Eigentlich würden Geräte mit No-Frost-Techno-

logie daher auch eine Abwertung in der Energiekennzeichnung bedeuten. Allerdings haben sich die Gerätehersteller eine Ausnahme ausverhandeln können: Sie bekommen einen Bonus in der Höhe von rund 20 Kilowattstunden und dürfen die Grenzwerte in selber Höhe überschreiten. Damit allerdings ist der ökologische Vorteil eines No-Frost-Systems beinahe schon wieder perdu. Es bleibt ein erhöhter Einkaufspreis für die Kunden.

Und schon gar nicht mache ein No-Frost-System eine eventuell niedrigere Energieklassifizierung wieder wett, warnt etwa auch die Verbraucherzentrale Nordrhein-Westfalen. Ein Gerät ohne No-Frost-Technologie, aber mit A+++ Toplabel sei auf jeden Fall vorzuziehen. Zumal wirtschaftlich die Rechnung durch eine erhöhte Reparaturanfälligkeit der No-Frost-Systeme eher belastet wird.

Das können Sie glauben

- Die No-Frost-Systeme ersparen zwar das empfohlene regelmäßige Abtauen herkömmlicher Kühlgeräte – kosten aber um 10 bis 20 Prozent mehr Strom. Das lässt den scheinbaren ökologischen Vorteil auf ein Minimum schmelzen.
- No-Frost-Systeme dürfen bei der Energiekennzeichnung tricksen und die Grenzwerte überschreiten.
- Daher macht auch ein No-Frost-System die gegebenenfalls geringere Energieeinstufung des Gesamtgerätes keinesfalls wett.

Quellen

Öko-Institut e.V., Verbraucherzentrale Nordrhein-Westfalen, Wikipedia, Fachgemeinschaft für effiziente Energieanwendung e.V.

34. HAHN ZU STATT WASSER MARSCH?

Kaltwassersparen hat in unseren Breiten keinen ökologischen Sinn. Finanziellen durchaus.

Dieses Wissen saugen wir mit der Muttermilch auf. Manche haben es vermutlich bereits genetisch angelegt. Und es gehört zum politisch korrekten Verhalten: Wasser darf nicht verschwendet werden, lautet eine jener Ökodogmen, die vom Kindergarten weg bis zur Universität weniger hinterfragt werden als die zehn Gebote des Alten Testaments. Tatsächlich allerdings entpuppt sich dieser Fixstern am Ökohimmel beim näheren Hinschauen bestenfalls als Sternschnuppe. Oder als Energiesparlüge, wenn Wasserspar-Armaturen zu Überpreisen unter das pritschelnde Volk gebracht werden sollen. Denn aus volkswirtschaftlicher Sicht lässt sich Wasser in unseren Breiten generell und ökologisch gesprochen nicht wirklich verschwenden. Nicht einmal verbrauchen. Wasser wird ***gebraucht****, und verschwindet dann wieder dorthin, woher es gekommen ist – ins Meer.*

Wir reden von Kaltwasser – und nur zur Verdeutlichung der Größenverhältnisse in Österreich: Das jährliche Wasserdargebot liegt bei 84 Milliarden Kubikmeter, der gesamte Wasserbedarf hingegen beträgt nur 2,6 Milliarden Kubikmeter pro Jahr, das sind etwa drei Prozent der vorhandenen Menge. Davon wiederum werden nur rund 40 Prozent in den Haushalten verwendet, der Rest geht in Landwirtschaft und Industriebetrieben drauf. Oder noch ein Vergleich: Alleine die Donau transportiert durchschnittlich in der Sekunde rund das 20-fache jener Menge, die die gesamte öffentliche Wasserversorgung Österreichs durchschnittlich übers Jahr liefert (1500 m^3/sec versus 80 m^3/sec). Aus ökologischer Sicht muss also an der Ressource Wasser in Österreich nicht wirklich gespart werden. Wer unbedingt will, darf den Kaltwasserhahn in Sommerzeiten durchaus ein paar Sekunden rinnen lassen, ohne als Ökosünder dargestellt zu werden. Das ist keine Selbstverständlichkeit: Noch vor wenigen Jahren wurde etwa die Kaffeehauskette Starbucks an den medialen Umwelt-Pranger gestellt, nur weil sie –

um stets frisches Wasser zu Kaffeeaufbereitung zu Verfügung zu haben – den Kaltwasserhahn in ihren Filialen rinnen ließ. Nur um nicht missverstanden zu werden: Das ist ein finanzielles Problem für Starbucks, kein ökologisches.

Wasserverbrauch zu gering. Im Gegenteil – zunehmend zeigt sich sogar schon die Kehrseite allzu akuter Wassersparitis: Der zunehmende Rückgang des Wasserverbrauchs pro Kopf – etwa minus 24 Prozent in Deutschland von 1995 bis 2010 – stellt die Wasserversorger zumindest in Regionen wie Deutschland, Österreich oder der Schweiz sogar vor erhebliche Probleme. Weil vor allem die Abwasserleitungen für einen größeren Mengendurchfluss angelegt sind, muss nun zeitweise künstlich nachgespült werden – das macht die von braven Wassersparern in den Haushalten mühsam bei jeder halben Klospülung eingesparte Menge ziemlich schnell wieder wett. Oder es müssen neue Rohre mit engerem Durchmesser verlegt werden. Das wiederum führt in den Kommunen zu finanziellen Belastungen, die sie über die Wassergebühren wieder an die Konsumenten überwälzen werden. Jeder Kilometer neu verlegtes Abwasserrohr kostet rund 350.000 Euro. Die Wasserspartaste auf den Klospülungen kann so zum finanziellen Rohrkrepierer werden. Das Problem zeigt sich auch daran, dass rund 80 Prozent der Kosten der Trinkwasserversorgung aus Fixkosten besteht, die mit der

durchfließenden Wassermenge nichts zu tun haben. Womit sich insgesamt das Paradoxon ergibt, dass der Liter Wasser teurer wird, je stärker der Verbrauch insgesamt eingespart wird.

Dass in anderen Weltregionen Wasserkreisläufe tatsächlich gestört sind, ist allerdings kein Problem, das mit einer Verdopplung von Wassersparduschköpfen in Wiener Badezimmern gelöst wird. Auch der Wasserverbrauch der Landwirtschaft ist in der Regel kein ökologisches Problem: Werden damit Düngemittel ausgewaschen, ist nicht das Wasser daran Schuld, sondern der Düngemitteleinsatz. Und werden die Produkte teurer, weil das verwendete Wasser ja auch bereitgestellt – und gegebenenfalls wieder aufbereitet werden muss –, ist dies kein Umweltproblem.

Allerdings: der formale Überfluss in dem wir leben, berechtigt noch nicht zum sorglosen inhaltlichen Umgang mit der Ressource. Denn der Aufwand, das Wasser zu gewinnen, zu sammeln, zeitgerecht und in hygienischer Form bereitzustellen und letztlich dem natürlichen Kreislauf in reiner Form wieder zurückzugeben – der muss erstens organisiert und zweitens finanziell abgegolten werden. Und nicht alles dabei sind Fixkosten: je verschmutzter das Wasser aus seinem Haushaltskreislauf wieder zurück in die Natur kommt, umso stärker müssen die Kläranlagen dimensioniert werden, umso mehr Klärschlämme müssen in Müllverbrennungsanlagen verbrannt werden – aber das ist keine Frage der Menge des Wassers, sondern der Achtsamkeit im Umgang mit ihm.

Anders sieht auch die Betrachtung der Wasserproblematik aus betriebswirtschaftlicher oder haushaltstechnischer Sicht aus. Wer immer in dem bestehenden System den Wasserverbrauch einspart, spart fürs erste auch Geld – ganz ohne grüne argumentative Mäntelchen. Und da lassen sich genug Möglichkeiten finden. Denn gerade beim Wasser werden die Mengenverhältnisse aufgrund der zeitlichen Dauer oft dramatisch unterschätzt. Und auch wenn das kaum jemand weiß: ein Kubikmeter Wasser kostet im Durchschnitt in Österreich rund 1,30 Euro (inklusive Umsatzsteuer).

Rinnende Klospülung: 700 Euro. Dabei sind es nicht die gängigen Bereiche, die das Gros der Wasserverluste ausmachen – durch Wasserspar-Armaturen lassen sich nur wenige Liter einsparen. Es sind vielmehr die versteckten Problemzonen: So etwa schlägt sich ein einziger tropfender Wasserhahn mit bis zu fünf Litern Wasser pro Tag zu Buche, das sind über 1800 Liter im Jahr, oder anders ausgedrückt: 1,8 Kubikmeter Wasser. Oder noch dramatischer: eine rinnende Klospülung bei 5 Bar Leitungsdruck kann bis zu einem Liter Wasser pro Minute kosten, das sind täglich 1,5 Kubikmeter, über 500 pro Jahr oder mehr als 700 Euro. Dabei ist eine rinnende Klospülung noch einer der auffälligsten Verluststellen. Ein kleiner, ein Millimeter starker Riss in der Hauswasserleitung lässt ebenfalls bis zu 1,5 Kubikmeter pro Tag in die Umgebung versickern – und 700 Euro pro Jahr aus der Haushaltskassa.

Ganz anders sieht die Frage im Warmwasserbereich aus – allerdings ist auch hier nicht die angebliche Verschwendung der Ressource Wasser das Problem, sondern die Energie, die zum Aufheizen des Wasser benötigt wird. Das kann ebenfalls ganz schön ins Geld gehen – und je nach Primärenergieeinsatz ökologische Aspekte haben. Das Erwärmen von einem Kilo Wasser (=Liter) um einen Grad Celsius braucht jedenfalls genau eine Kilokalorie oder 4,184 Kilojoule (kJ). Das wiederum ergibt umgerechnet in die gängige Maßeinheit im Haushaltsenergiebereich 0,3 Wattstunden. Und das entspricht etwa der Heizleistung einer 20 Wattglühbirne innerhalb einer Minute.

Die Stiftung Warentest hat die Kosten verschiedener Möglichkeiten der Wassererwärmung untersucht – und dabei eher die Kaffeezubereitung als die Duschwasseraufbereitung im Sinn gehabt. Die Schwankungsbreite, um einen Liter Wasser von 15 auf 95 Grad Celsius zu erhitzen, liegt zwischen minimal 1,48 Cent und maximal 4,59 Cent. Die Grundannahmen waren ein Strompreis von 18 Cent pro Kilowattstunde bzw. 6 Cent für eine Kilowattstunde Erdgas. Wer also jeden Tag zwanzig Liter heißes Duschwasser ungenutzt in den Gully spült, vernichtet dabei zwischen zehn und 50 Cent, pro Jahr sind wir dann auf 35 bis 160 Euro.

Am günstigsten ist laut Stiftung Warentest die Wassererwärmung mit dem Gasherd, einem Gasbrenner (Normalbrenner, 1800 Watt). Ein Grund dafür liegt darin, dass Erdgas eine Primärenergie ist, die direkt beim Verbraucher in Wärme umgewandelt wird. Strom hingegen ist eine Sekundärenergie. So kostet der Liter bei Kaffeemaschinen, die allerdings das Wasser nur auf 87 Grad Celsius erhitzen, 1,82 Cent, beim Wasserkocher etwa 1,89 Cent. Dieser bringt das Wasser dafür am schnellsten zum Kochen. Wer seinen Tee auf der Herdplatte zubereiten möchte, muss auf der gusseisernen Herdplatte (18 Zentimeter Durchmesser, 1.500 Watt) mit 3,06 Cent rechnen, bei einem Cerankochfeld (18 Zentimeter, 2.000 Watt) mit 3,19 Cent. Wer Wasser hingegen mit der Mikrowelle erhitzt, zahlt im Vergleich der Stiftung Warentest mit 4,59 Cent am meisten.

Das können Sie glauben

- Übertriebenes Wassersparen macht in unseren Breiten volkswirtschaftlich und ökologisch keinen Sinn, da der gesamte Wasserverbrauch lediglich drei Prozent der vorhandenen Regenwassermenge ausmacht.
- Im Gegenteil: Durch den Rückgang beim Wasserverbrauch sinkt die Durchflussgeschwindigkeit in Abwasserleitungen und verursacht stellenweise hygienische Probleme.
- Finanziell gesehen ist Wassersparen für den einzelnen Haushalt zwiespältig: Spezielle Wasserspar-Armaturen fallen wenig ins Gewicht – eine rinnende Klospülung allerdings kann bis zu 700 Euro pro Jahr kosten.
- Bei Warmwasser ist nicht die Wasserverschwendung das Problem, sondern die Energieverschwendung bei der Warmwasseraufbereitung.

Quellen

Bundesverband Energie- und Wasserwirtschaft (BDEW), Umweltbundesamt, Focus, kontrovers – das Politikmagazin, Bayerisches Fernsehen, Stadtwerke Hof, Wiener Stadtwerke.Wasser, Österreichische Vereinigung für das Gas- und Wasserfach (ÖVGW), Wasserreport 2011, Stiftung Warentest

35. KISTE OHNE FLIMMERN?

Virtuelle Fische als Bildschirmschoner verbrauchen doppelt soviel Strom wie ein echtes Aquarium.

Gut, wenn er Spaß macht. Gut, wenn er Erinnerungen wach hält. Gut, wenn er neugierige Blicke abhält. Schlecht, wenn er Energiesparen helfen soll. Die Rede ist vom aktivierten Bildschirmschoner am Computer, eigentlich ein Relikt aus der grauen (im wahrsten Sinne des Wortes) Vorzeit der PC-Bildschirme, als es darum ging, das „Einbrennen" von Standbildern am Monitor durch eine animierte Darstellung zu verhindern. Technisch ist das bei LCD-Screens nicht nötig. Und auch wenn der Namensbestandteil „schonend" es eventuell suggeriert: Schonend für den Energieverbrauch ist der Modus keinesfalls. Im Gegenteil, aufwändigere Film- oder Fotoprojektionen in der arbeitsfreien Bildschirmzeit lassen den Stromverbrauch eines Computers geradezu hinaufschnalzen. Das kann bis zur Maximalauslastung der zentralen Rechnereinheit gehen – und somit den maximal möglichen Stromverbrauch bedeuten.

Die Ruhr-Universität Bochum hat vor einigen Jahren genau nachgemessen: Der nicht nur bei den Universitätsangestellten beliebteste Bildschirmschoner mit animierten Fischen benötigte die elektrische Leistung von 190 Watt je Gerät. Die Hochrechnung auf den gesamten Computerpark der Universität versetzte die Facility-Manager dann in einen kurzen Schockzustand: Denn bei 7000 am Uni-Netz hängenden Computern, die geschätzt zur Hälfte jeweils den halben Tag lang im Bildschirmmodus sind, steigt der gemeinsame Stromleistungsbedarf auf rund 600 Kilowatt. Bei rund 20 Cent Kosten je Kilowattstunde würde nur für den Bildschirmschoner übers Jahr gerechnet ein Aufwand von mehr als einer halben Million Euro zusammenkommen. Die Folge war ein sofortiges Verbot von Bildschirmschonern. Stattdessen empfahl die Unidirektion mit einem Augenzwinkern die Anschaffung reeller Aquarien, deren Leistungsaufnahme liegt nämlich nur bei rund 100 Watt.

Tatsächlich sind die Jahreskosten eines Bildschirmschoners sogar im Privatbereich nicht ganz zu vernachlässigen. Denn die Mehraufnahme einer aufwändigen Version wie jener mit animierten Fischen im Vergleich zu einem dunklen Bildschirm kann bis zu einem hohen zweistelligen Eurobetrag kosten. Die Stromaufnahme eines Computers hängt stark von seiner

Rechenleistung ab: Ein durchschnittlich ausgestatteter PC hat eine Leistung von rund 75 Watt, High-End spieletaugliche PCs ziehen schon mal bis zu 500 Watt und mehr. Die Fischanimation etwa fordert einen Durchschnittsrechner durchaus. Die **Rechnerzentrale von Google** übrigens braucht eine Stromversorgung, die **260 Megawatt** (260 mW = 260 Millionen Watt) liefern kann. Permanent. Nur zum Vergleich: Das Donaukraftwerk Freudenau (Wien) liefert rund 130 mW. Und das nur bei normaler Wasserführung.

Allerdings – wenn der Beruhigungseffekt eines virtuellen Aquariums oder die optimistisch stimmende Diaschau mit Urlaubsfotos zu einem effizienterem Arbeiten verhilft, kann die Aktivierung eines Bildschirmschoners wohl gerechtfertigt werden. Zum reinen Energiesparen jedoch gibt es bessere Methoden: Bildschirm abschalten im Standby-Modus des Rechners. Das sichert in Arbeitspausen sowohl den geringsten Stromverbrauch als auch die Wahrung der Datensicherheit durch allzu neugierige Passanten vor dem Arbeitsplatz. Bei Arbeitsschluss heißt es am besten: Stecker raus. (siehe auch: Lüge 32, Aus heißt Aus?)

Das können Sie glauben

- Ein Bildschirmschoner ist zum Bildschirmschonen nicht notwendig und zum Geldbörseschonen kontraproduktiv.

- Im Gegenteil: Der durch eine hohe Rechnerleistung bei aufwändigen Bildschirmanimationen hervorgerufene Mehrverbrauch an Strom kann je Gerät einen hohen zweistelligen Eurobetrag im Jahr ausmachen.

- Wirklich Energiesparen in Arbeitspausen lässt sich nur durch abgeschalteten Bildschirm im Standby-Modus (Windows, Systemsteuerung, Anzeige).

Quellen

Deutsche Energieagentur Dena, Spiegel, BITKOM, Ruhr-Universität Bochum

Mobilität & Technologie

Hinter jeder angeblichen Energiespartechnologie steht eine ganze Branche mit höchst eigensinnigen Motiven – Geld zu verdienen. Das ist durchaus ehrbar. Und wer Spaß an den Produkten hat, darf sich durchaus daran erfreuen. Wirtschaftlich motivierte Energiesparer oder grün orientierte Geldsparer aber sollten bei der Beurteilung diverser Marketingschmähs die Hintergründe beachten. Sonst geht man einer Energiesparlüge auf den Leim – das kostet nicht nur Geld, sondern treibt die Technologieentwicklung in eine Richtung, die längst als Sackgasse erkannt worden ist.

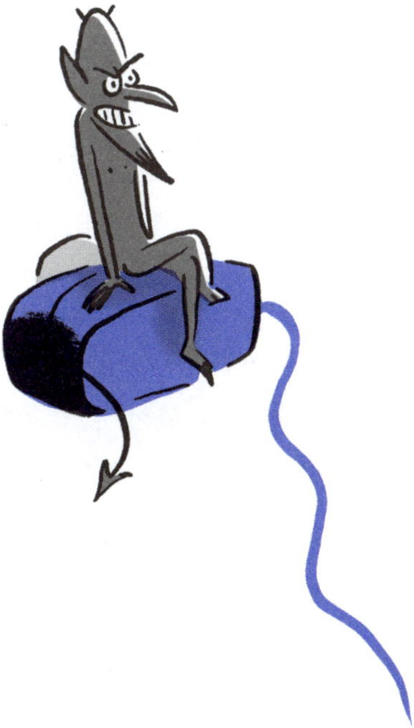

36. VOM WINDE VERWEHT?

Windenergie ist relativ gut planbar und braucht kaum neue Ersatzkraftwerke für unerwartete Flauteperioden.

Für gewöhnlich ist die Welt der Energiebereitstellung sehr abstrakt. Oder kann sich jemand wirklich vorstellen, wie genau nun die Elektronen durch Leitungen flutschen, wie die 380.000 Volt aus der Hochspannungsleitung zu 240 Volt im Haushaltsnetz gezähmt werden oder wie die Wärmepumpe aus Winterluft wohlig warmes Duschwasser zubereiten kann? Eben. Wenn dann endlich einmal etwas Konkretes auf den Tisch kommt, wird es gerne geglaubt. Auch wenn sich dahinter eine klassische Energiesparlüge verbirgt.

So etwa, wenn die großen (fossilen) Energieversorger seit Jahren nicht müde werden, vor einem allzu raschen Ausbau von Windkraftwerken zu warnen – zumindest solange, bis genug Ersatzkraftwerke gebaut sind, die einen unerwarteten Ausfall bei plötzlicher Windstille kompensieren können. Und weil ein stehendes Windrad so anschaulich **keinen** Strom erzeugt, wird die Warnung der Energieversorger auch gerne geglaubt. Wer für erneuerbare Energie ist, muss nolens volens auch für Gaskraftwerke oder Pumpspeicherkraftwerke in zugestauten Alpentälern sein. Die könnten rasch einspringen, wenn einmal kein Wind weht. Und: Je mehr Windräder, umso mehr Ersatzkraftwerke, lautet die nicht unlogische Junktimierung.

Fehlerquote unter 10 Prozent. Das stimmt allerdings nicht einmal zur Hälfte. Denn in Wirklichkeit ist genau das Gegenteil der Fall. Das Ausmaß der Vorhaltung (so der Fachausdruck) für Regelenergie (oder Ausgleichsenergie – je nach Betrachtungsebene) sinkt, je mehr Windräder in der Landschaft stehen. Denn das Problem dabei ist in der Hauptsache, das Windaufkommen für den kommenden Tag zu berechnen. Die Prognosesicherheit bei Windkraftwerken aber wird umso höher, je mehr und breiter gestreut die Anlagen verteilt sind. Das gleiche gilt übrigens auch für

installierte Photovoltaikanlagen: Ein einzelnes Solarpaneel, ein einzelnes Windrad ist sehr anfällig für die tatsächlich oft sehr stark schwankenden Primärenergielieferanten Wind und Sonne, etwa, weil der Wind plötzlich nachlässt oder eine Wolke die Sonne verdeckt. Die Statistik allerdings rettete die Erneuerbaren: Die Menge an Anlagen lässt die Prognosefehler auf ein durchaus überschaubares Maß sinken.

Mittlerweile lässt sich der zu erwartende Windanfall für den nächsten Tag sogar ziemlich genau prognostizieren, und die Treffsicherheit dieser Vorhersagen steigt von Jahr zu Jahr. Das deutsche Wirtschaftsforschungsinstitut hat sich etwa das Windkraftland Spanien angesehen: Lag die durchschnittliche Fehlerhäufigkeit in Spanien für 24-Stunden-Prognosen im Jahr 2005 noch bei rund 23 Prozent, waren es zuletzt im Jahr 2010 nur mehr 13 Prozent. Die 24-Stunden-Prognosen sind allerdings nur dann notwendig, wenn die voraussichtlich benötigte Regelenergie vom Netzbetreiber, wie bisher im fossilen Kraftwerkspark üblich, am Vortag geordert werden muss. Mittlerweile allerdings hat sich ein Ausgleichsenergiehandel in Ein- und Zwei-Stunden-Zeiträumen etabliert. Und innerhalb dieses Zeitraumes sinkt die Fehlerquote bei Windenergie gar auf unter 10 Prozent.

Wie hoch die Kraftwerkskapazitäten genau sein müssen, um einen unerwarteten Ausfall von Windkraftwerken ausgleichen zu können, hat die Deutsche Energieagentur nun in ihrer dena-Studie II (2011) erstmals exakt berechnet. In ihrer Vorschaurechnung für das Jahr 2020 geht sie von installierten Windkraftkapazitäten in Deutschland von 51.000 Megawatt aus (Onshore und Offshore). Und dafür würde bei einem Sicherheitsniveau von 99,99 Prozent eine Regelleistungvorhaltung von 4180 Megawatt ausreichen, das wären rund acht Prozent der installierten Windkraftleistung – also keine Rede von einer eins zu eins Abdeckung, wie immer wieder zu hören ist.

Das heißt – die Windkraftprognose wird sicherer, je mehr Windräder aufgestellt werden, und umso weniger Kraftwerke als Ausfallsreserve müssen bereitgehalten werden müssen. Diese Ausgleichsenergie ist an sich aber nichts Außergewöhnliches in der E-Wirtschaft. So sind nie alle Kraftwerke gleichzeitig im Einsatz, plötzliche Schäden oder Blitzschlag sorgen immer wieder für den Ausfall ganzer Kraftwerksblöcke. Dann tritt ein genau definierter Stufenplan zur Aufrechterhaltung des lokalen Spannungsniveaus im Netz ein, der auch für die Windenergie gelten kann: In der so genannten „Primärregelung" etwa sorgt das gesamte europäische Netz für Ausgleich – das geht automatisch und kann rund 30 Sekunden lang durchgehalten werden. Dann müssen die Regelzonenbetreiber (ganz Österreich zählt als eine Regelzone) die „Sekundärregelung" in Kraft setzen – da sorgt dann etwa das gesamte österreichische Netz für den Ausgleich. Das dauert bis zu 15 Minuten. Dann tritt die „Tertiärregelung" in Kraft und es müssen lokale Maßnahmen getroffen werden – also lokale Kraftwerke hochfahren, große Nachfrager (Industrieunternehmen) drosseln oder einzelne Teile des Netzes abschalten. Zum Vergleich: Die durchschnittliche Leistungsnachfrage in Österreich liegt bei 3000 bis 4000 Megawatt. Die Kraftwerkskapazität (gesicherte Leistung) in Österreich liegt aber bei 12.000 bis 13.000 Megawatt.

Tatsächlich ist also die Windenergie kein wirklicher Sonderfall in der E-Wirtschaft. Auch wenn, und das ist der wahre Kern der Energiesparlüge, die neuen erneuerbaren Energielieferanten wie Windenergie und Photovoltaik, die sich nicht nach Nachfrage richten, sondern nach dem Anfall der Primärenergielieferanten Sonne und Wind, die Flexibilität der Netzbetreiber auf eine harte Probe stellt. Das ist ungewohnt und braucht neue Routinen, neue Verantwortlichkeiten und neue Plattformen für einen kurzfristigen Energiehandel. Auch die Übertragungsnetze müssen stärker ausgebaut werden – oder die Energieerzeugung stärker dezentralisiert. Solange dies nicht optimiert ist, kann es dabei durchaus zu Komplikationen kommen. Und zu Verteuerungen, da nicht immer die kostengünstigste

Alternative zur Absicherung gegen ein „black out“ gewählt werden kann. Technisch gesehen allerdings sollte Windenergie kein Argument zum Ausbau neuer fossiler Kraftwerke sein.

Das können Sie glauben

- Die E-Wirtschaft sagt: Um unerwartete Flauteperioden der Windkrafterzeuger auszugleichen, müssten mehr konventionelle Kraftwerke gebaut werden. Es ist genau umgekehrt: Je mehr Windräder stehen, umso weniger Ausgleichsenergie braucht man vorhalten.
- Die Prognosegenauigkeit für Windstrom wird mit der Menge der Windräder immer besser. Die Fehlerquote für 12-Stundenprognosen liegt mittlerweile zwischen 10 und 15 Prozent.
- Keinesfalls muss man also für jedes neue Windrad ein eigenes fossiles Kraftwerk als Ausfallssicherung neu errichten – die bisherigen Mechanismen für Ausgleichsenergie müssen allerdings verfeinert werden.

Quellen

Dena-Netzstudie II, Deutsche Energieagentur, E-Control, Solarenergie-Förderverein Deutschland e.V., Deutsches Institut für Wirtschaftsforschung (DIW), Solarpraxis AG, Bundesverband WindEnergie e.V.

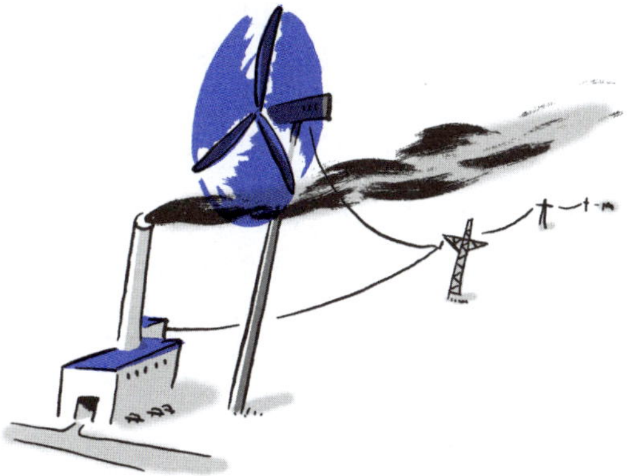

37. ÖKO-SPAREFROH ELEKTROAUTO?

Die Mobilitätsalternative verbraucht soviel Strom wie ein durchschnittliches Einfamilienhaus pro Jahr.

Es gab kaum etwas in den vergangenen Jahren, das soviel politische und wirtschaftliche Dauerpromotion verordnet bekam wie das Elektroauto. Dennoch ist die Resonanz bei der eigentlichen Zielgruppe außerhalb der Automagazine – den Autokäufern – einigermaßen bescheiden. Im ersten Quartal 2011 hielt man in Österreich bei stolzen 173 neu zugelassenen Elektroautos. Die fossile Fraktion dagegen kann im gleichen Zeitraum mit rund 87.240 Vehikeln aufwarten. Zum Trost für die Elektrofraktion – ihre Steigerungsrate beträgt immerhin 1230 Prozent.

Dass die Österreicher der Energiesparlüge rund um die E-Autos bisher nicht auf den Leim zu gehen scheinen, hat vor allem Kostengründe. Die liegen für die meisten an dem hohen Anschaffungspreis für Elektroautos – trotz diverser Förderaktionen, die im Fall Niederösterreichs stolze 5000 Euro ausmachen, dafür aber eine 5-jährige Benutzungsverpflichtung beinhalten. Aber auch die Tankkosten in Form einer höheren Stromrechnung sind beim Elektroauto keineswegs zu vernachlässigen, braucht doch etwa das erste serienmäßig erhältliche E-Auto in Österreich, der i-MieV von Mitsubishi, bei einer Fahrleistung von rund 12.000 Kilometern pro Jahr so viel Strom wie ein durchschnittliches Einfamilienhaus pro Jahr (etwa 3500 Kilowattstunden) – und da sind Ladeverluste, nachlassende Ladefähigkeit der Batterie oder ungünstige Witterungsbedingungen (Kälte), noch gar nicht wirklich berücksichtigt.

Rechnen wir in einem Vollkostenvergleich zusammen: Durch die höheren Anschaffungskosten (nach Förderungen derzeit rund 30.000 Euro) **im Vergleich zu einem gewöhnlichen Opel-Corsa** (Listenpreis: 12.780 Euro), plus den höheren Stromkosten würde sich der i-MieV bei zweckdienlicher Verwendung (etwa als Zweitauto für Kurzstreckenfahrten, jährliche

Fahrleistung: 12.000 km) erst **nach 24,4 Jahren rechnerisch amortisieren**. Praktisch ist das kein kalkulierbarer Zeitraum für einen PKW, sondern vielmehr ein Zeitpunkt, zu dem der i-MieV schon seit Jahren im Elektroautohimmel unbegrenzt Solarstrom schlürfen und der Corsa seine Energiedrinks nur mehr als recycelte Aludose zu sich nehmen dürfte.

Auch die Annäherung über derzeit übliche Leasingraten zeigt den Kostennachteil des i-MieV. Diesen gibt es derzeit nämlich zu einem operationalleasing Preis (ohne Anzahlung, ohne Restwert, ohne Versicherung, ohne Wartungskosten) von monatlich 499 Euro (zuzüglich Versicherung). Die monatlichen Vollkosten eines Opel Corsa hingegen (das heißt: inklusive Versicherung, Steuer, Wartung und vor allem Wertverlust) liegen beim definierten Verwendungszweck als Kurzstreckenfahrzeug laut ÖAMTC bei vergleichsweise günstigen 386 Euro. Das heißt – **das grüne Auto-Gewissen kostet Anwender derzeit mindestens rund 100 Euro pro Monat** – und amortisiert sich nie. Die wirtschaftliche Bilanz würde sich weiter zuungunsten des E-Autos verschlechtern, würde man dem Stromverbrauch die gleiche steuerliche Belastung aufbürden, wie dem fossilen Treibstoff durch die Mineralölsteuer (MÖST) - was derzeit nicht der Fall ist. Würde die Anzahl der Elektroautos aber steigen, würden die Politiker auf diese zusätzliche Steuer sicherlich nicht verzichten wollen.

38. CO_2-FREI?

Dabei ist das mit dem grünen Gewissen auch nicht so weit her, wie die standardisierte Null-CO_2-Angabe für einen Elektromotor suggeriert. Denn die Umweltbelastung durch die Stromproduktion für das E-Auto muss ehrlicherweise auch dem E-Auto zugerechnet werden. Beim österreichischen Kraftwerksmix kommt man dabei für den i-MieV im obigen Rechenbeispiel auf einen ehrlichen CO_2-Ausstoß von immerhin rund 39 Gramm je Kilometer (g/km).

Und das ist wiederum nur die Hälfte der Wahrheit: Wer sein E-Auto in Versorgungsgebieten mit einem hohen Anteil kalorischer Kraftwerke auflädt, kommt auf bis zu doppelt soviel CO_2-Ausstoß (80 g/km), in Deutschland etwa sind es jetzt schon durchschnittlich 115 g/km. Und damit ist der ökologische Vorteil gegenüber dem bösen fossilen Corsa (124 g/km) beinahe schon verspielt. Sollten die Deutschen tatsächlich ihren kalorischen Kraftwerkspark als Ersatz für abgeschaltete Atomkraftwerke aufrüsten, kommt der Corsa aus Klimaschutzgründen schon günstiger daher.

Wer übrigens erwartet, dass steigenden Treibstoffpreise das Verhältnis zugunsten eines Elektroautos kippen lassen, irrt gewaltig. Erstens ist bei steigenden Treibstoffpreisen auch mit steigenden Strompreisen zu rechnen, die die Betriebskostenvorteile etwa eines i-MieV wieder zunichte machen. Zweitens ist der bestimmende Anteil der Anschaffungskosten bei der Amortisationsrechnung einfach zu hoch. Die rechnerische Amortisationsdauer eines i-MieVs gegenüber eines Opel Corsas (oder anderen vergleichbaren Kleinwagen) würde bei einem Benzinpreis von zwei Euro auf gerade einmal 19,7 Jahre sinken.

E-CAR
RID

39. HYBRID-PREISVORTEIL?

Aber nicht nur die reinen Elektroautos, sondern auch die Hybridfahrzeuge schneiden bei einem ehrlichen Vollkostenvergleich nicht so gut ab, wie es ihrem Ruf entspricht. Denn die herkömmliche Verbrennungsmotortechnik liefert in Kombination mit dem Elektromotor durchaus vergleichbare Verbrauchswerte. Und so zeigt sich, dass das bekannteste und ausgereifteste Hybridfahrzeug (Vollhybrid), der Toyota Prius, inklusive Anschaffungskosten, monatlich teurer kommt als ein vergleichbares Mittelklasseauto mit hochmoderner Spritspartechnologie (Vollkostenvergleich). Im Vergleich etwa zu einem Golf Rabbit mit moderner Blue-Motion-Technologie (das übliche Vergleichsfahrzeug in ÖAMTC-Tests) verlagert sich die Amortisationsdauer der Anschaffung eines als umweltschonend und spritsparend vermarkteten Prius damit – wie beim Elektroauto – ins Unendliche. Sprich: der Prius amortisiert sich durch den geringfügig niedrigeren Treibstoffverbrauch nie. Der CO_2-Ausstoß liegt kaum unter dem des Spritspar-Golfs (109 g/km versus 89 g/km).

Das können Sie glauben

- Die geringeren Tankkosten eines Elektroautos je gefahrenem Kilometer reichen keinesfalls aus, um die höheren Anschaffungskosten des Fahrzeugs im Laufe dessen Lebensjahre auszugleichen. Die rechnerische Amortisationszeit beträgt derzeit trotz Förderungen über 20 Jahre.

- Dabei ist es beinahe egal, ob der Sprit 1,2 Euro oder 2 Euro kostet: die Tankkosten sind im Vergleich zu den Fixkosten relativ gering.

- Würde der Staat auf den getankten Strom ähnliche Steuern einheben, wie auf fossile Treibstoffe (rund 50 Prozent Mineralölsteuer), wäre der Kostenvorteil beim Tanken beinahe egalisiert.

- In Summe verdoppelt sich durch ein Elektroauto bei 12.000 Kilometern Jahresfahrleistung die Stromrechnung eines durchschnittlichen Haushaltes.

- Wer sich verblüffend wenig gutes CO_2-Gewissen verblüffend teuer erkaufen will, darf bereits zu Elektroautos greifen. Die CO_2-Belastung durch Strom-Tanken wird in Europa nach dem Abschalten der Atomkraftwerke in Deutschland höher sein, als bei Spritspartechnologien der fossilen Verbennungsmotoren. Österreich isoliert betrachtet, liegen die Elektroautos voran.

- Selbst Hybridautos bieten in der Vollkostenrechnung keinen wirtschaftlichen Vorteil. Die geringfügige Einsparung beim fossilen Treibstoff kann die höheren Anschaffungskosten nicht wettmachen.

Quellen

Energieagentur, Umweltberatung Wien/NÖ, ÖAMTC, E-Controll, ADAC, Wirtschaftsmagazin trend, Raiffeisen Leasing, Volkswagen, Mitsubishi

40. BILLIG, BILLIGER, ATOMSTROM?

Unter Einbeziehung aller Kosten wäre Strom aus Atomkraftwerken unverkäuflich teuer.

Die Energiesparlüge rund um billigen Atomstrom ist so etwas wie die Mutter aller Energiesparlügen. Denn nirgendwo anders klaffen Realität und Fiktion so weit auseinander wie bei den Produktionskosten für Strom aus Kernspaltung. Und das, weil sich bei diesem Thema betriebswirtschaftliche und volkswirtschaftliche Betrachtungsweisen seit Jahrzehnten nicht miteinander verbinden lassen. Dem in der täglichen Praxis tatsächlich mit Beträgen von rund vier bis fünf Cent unschlagbar günstig handelbaren Grundlaststrom aus Atomkraftwerken stehen nur schwer quantifizierbare und noch weniger den Betreibern zurechenbare Zusatzkosten für die Entwicklung, den Betrieb und die Risikovorsorge der Technologie gegenüber.

Nach Fukushima ist alles anders. Bei aller Tragik, die das Unglück für die direkt betroffenen Bewohner der Region bedeutet, lässt sich erstmals an realen Beträgen all das nachrechnen, was Kritiker der Atomkraft schon seit Jahren versuchen zu beweisen: Bei echter Vollkostenrechnung, also der ehrlichen Überwälzung aller Kosten auf die Atomkraftwerksbetreiber ließe sich deren Produkt kaum mehr verkaufen: es würde schlicht zu teuer werden. Auch die Konkurrenzsituation zu anderen Primärenergielieferanten im Stromsektor würde sich zugunsten der erneuerbaren Energieträger Wind, Photovoltaik, Biomasse und Wasserkraft verschieben.

So hat ein zentraler Think Tank der Versicherungswirtschaft, die „Versicherungsforen Leipzig Energie GesmbH" bereits kurz nach dem Reaktorunglück damit begonnen, hypothetische Versicherungssummen für Atomkraftwerke zu berechnen. Das war möglich, weil die Schäden erstmals öffentlich wirklich beziffert wurden: Erste Entschädigungszahlungen an die Familien in der betroffenen Region sind in der Höhe von rund 8000 Euro pro Familie angesetzt. Für den Ersatz der ausgefallenen Atomstromproduktion

durch Ölkraftwerke wiederum veranschlagt Fukushima-Eigentümer Tepco 8,6 Milliarden Euro, dafür musste der Staat einspringen. Analysten gehen mittlerweile davon aus, dass die Entschädigungszahlungen in Summe die Höhe von 86 Milliarden Euro erreichen werden – und da sind Langzeitschäden nicht einberechnet. Alles in allem, so konnte „Versicherungsforen Leipzig GmbH“ nun berechnen, beträgt der **Maximalschaden etwa 6000 Milliarden Euro**. Würde man die Versicherungskosten dafür auf den Atomstrom umlegen, würde sich dessen Preis verzwanzigfachen und statt wie derzeit zwei bis drei Cent um 50 Cent mehr kosten (bei Versicherungslaufzeiten von 50 Jahren) – und wäre schon damit nicht mehr konkurrenzfähig.

Dabei sind das „nur“ die hypothetischen Versicherungskosten gegen einen Supergau. Auch auf anderen Ebenen fließen eigentlich der Atomkraft zurechenbare Aufwendungen derzeit nicht in die Kalkulationen der Stromkonzerne ein – sondern werden von der Allgemeinheit getragen und verzerren damit die Preisgestaltung. Greenpeace versuchte zusammenzurechnen, was in Form von staatlichen Förderungen (Steuererleichterungen, Forschungsförderung, Ausnahmeregelungen, usw.) in die Atomindustrie geflossen ist und kam seit 1970 auf 186 Milliarden Euro weltweit. Gesetzt der Fall, die Betreibergesellschaften der 440 Atomkraftwerke weltweit müssten diesen Betrag selbst finanzieren, würde der Preis von Atomstrom plötzlich auf 12,8 Cent je Kilowattstunde steigen. Auch dieser Faktor alleine würde also bedeuten, dass Atomstrom eigentlich konkurrenzlos teuer ist. Denn selbst die als teuer verschrieenen erneuerbaren

Energieträger wie Sonne oder Wind können mit Stromgestehungskosten in der selben Höhe aufwarten.

Der Staat verliert: Ein paar konkrete Beispiele jener Faktoren, die **nicht** im Atomstrompreis enthalten sind, aber eigentlich dazu gerechnet werden müssten. Die Castor-Transporte etwa, mit denen deutsche Atomkraftwerkbetreiber ihren radioaktiven Abfall in das Zwischenlager Gorleben transportieren, kosten der öffentlichen Hand rund drei Milliarden Euro. Oder: Die Finanzierung von Atomkraftwerken ist durch die hohen Anfangskapitalkosten und langen Kapitalrücklaufzeiten grundsätzlich sehr schwer. In Folge springt oft der Staat ein – und verliert: Der öffentliche Finanzierungsanteil an gescheiterten Atomkraftprojekten in Deutschland („Schneller Brüter" Kalkar, WAA Wackersdorf, THTR Hamm Uentropp, AKW Mülheim-Kärlich) beläuft sich auf neun Milliarden Euro. Der Bau von Forschungsreaktoren wiederum kostete den deutschen Staat 20 Milliarden Euro.

Weitere Milliardenbeträge werden fällig, wenn nun, nach Fukushima und dem Atomausstieg in Deutschland auch Rückbaukosten ernsthaft einkalkuliert werden. Dies ging bisher zu Lasten des Staates, der für Rückstellungen dieser Art in den Bilanzen der Atomenergiebetreiber eine Steuerbefreiung vorsieht. Alleine die fiktiven Personalkosten einer 250.000 Jahre dauernden Überwachung eines Endlagers (berechnet nach der Halbwertszeit von Plutonium) würden 100 Milliarden Euro betragen – nur um die Dimensionen aufzuzeigen.

Österreich ist von diesen Berechnungen durch einen eher zufällig negativ ausgegangenen Volksentscheid zum Kernkraftwerk Zwentendorf im Jahr 1978 beinahe nicht betroffen. Aber nur beinahe. Ein paar Kosten der Atomstromproduktion in Deutschland gehen doch zu Lasten heimischer Energiefirmen. So hat der Tiroler Landesenergieversorger TIWAG einen Stromtauschvertrag mit dem deutschen Atomkraftwerksbetreiber EON abgeschlossen. Gegen ein Strombezugsrecht aus einer permanenten Grundlastleistung von 120 mW darf die TIWAG im Gegenzug nicht nur Strom aus Pumpspeicherkraftwerken nach Bayern liefern, sondern muss auch einen rund neun-prozentigen Anteil an den Betriebskosten der EON-Atomkraftwerke leisten. Dieser besteht laut dem Tiroler Publizisten und TIWAG-Kritiker Markus Wilhelm etwa aus rund vier Millionen Euro jährlich für Einkauf und Entsorgung der Brennstoffe (Brennstäbe), einem jährlichen Beitrag zu den voraussichtlichen Schließungskosten des Atomkraftwerkes Grafenrheinfeld in der Höhe von zuletzt (2010) 86 Millionen Euro und wohl aus einem Teil der „Brennelementesteuer", die den deutschen Betreibern von Atomkraftwerken aufgebrummt wurde.

Was die TIWAG wohl zahlen müsste, wenn auch noch Versicherungsprämien gegen einen potentiellen Supergau fällig wären?

Das können Sie glauben

- Die Atomkrafttechnologie würde ohne Förderungen und staatliche Subventionen nicht nur keinesfalls den billigsten Strom liefern, sondern wäre in Wirklichkeit unverkäuflich teuer.
- Rechnet man die derzeit von der Allgemeinheit getragenen Kosten für Risikovorsorge, Forschung und Steuererleichterungen hinzu, müsste Atomstrom bis zu 2,70 Euro je Kilowattstunde kosten, berechnet Greenpeace. Das wäre mehr als das Zehnfache des jetzigen Marktpreises.
- Wenn der Atomunfall in Fukushima das Aus für Atomkraft weltweit bedeutet, dann nicht wegen eines Technologieversagens. Sondern weil erstmals konkrete Folgekosten nach einem Unfall öffentlich berechenbar werden. Und damit die horrenden Versicherungsprämien in Zahlen gefasst werden können.

Quellen

Lazard „Levelized Cost of energy analysis", Greenpeace, Forum Ökologisch-Soziale Marktwirtschaft, Eurosolar, E-Control, Versicherungsforen Leipzig GmbH, dietiwag.org

41. TANK STATT TELLER?

Biosprit wurde zuerst glorifiziert, dann für den Welthunger verantwortlich gemacht. In beiden Fällen stecken Ideologien statt Fakten dahinter.

Der öffentlichten und veröffentlichten Meinung fällt es außerordentlich schwer, in Zwischenabstufungen zu denken. Viele Medien – und deren Leser – tun sich mit Schwarz-Weiß-Argumentationen wesentlich leichter. Und so konnte Nordic-Walken zum Wundersport stilisiert werden, der glykämische Index zur Glücksdiät und handwerklich mangelhafte Winzerprodukte zum Terroirwein, Weinwunder inklusive.

Auch im Fall der Biotreibstoffe wird derzeit schwarzgemalt, dass es nur so kracht. Nahrungsmittel hätten in Autotanks nichts verloren, heißt es von Seiten vieler Kritiker. Durch die Flächenkonkurrenz zur Nahrungsmittelproduktion wären sie mehr oder weniger direkt für Hungersnöte in vielen Entwicklungsländern verantwortlich. Als Beleg dafür dient immer wieder die „Tortilla-Krise" in Mexiko, wo ein starker Anstieg der Maispreise und die nachfolgenden öffentlichen Unruhen auf eine Rohstoffverknappung durch die zusätzliche Verwendung von Mais zur Ethanolproduktion zurückgeführt wurde.

Zucker: So billig wie 1997. Allerdings, so einfach ist das nicht. Es gibt eine Reihe von Fakten, die den allzu simplen Zusammenhang zwischen Biosprit und Nahrungsmittelpreisen einigermaßen in Frage stellen. So zeigt sich, dass sich die Preise für Lebensmittel in den vergangenen Jahren länderweise ganz unterschiedlich verhielten – das wäre kaum der Fall, wenn man die weltweite Konkurrenz durch Biospritproduktion allein dafür verantwortlich machen könnte. So ging ausgerechnet in Brasilien, dem Mekka der Bioethanolproduzenten (Ethanol = Benzinzusatz) im Jahre 2010, die Preissteigerung für Lebensmittel auf den niedrigsten Wert seit drei Jahren (3,6 Prozent) zurück, um 2011 – in einer Zeit, in der die Biospritproduktion eher abflachte – wieder auf plus 10,4 Prozent anzusteigen. In China hingegen sank die Inflation bei Nahrungsmitteln von 3,8 auf beinahe null Prozent im Jahr 2011. In den USA gab es 2010 sogar eine Deflation bei

Nahrungsmittelpreisen von minus 2 Prozent, 2011 waren es dann wieder plus 2,1 Prozent. Und in Österreich? Da wurde alles teurer – nur ausgerechnet der Zucker, der angeblich besonders durch die Ethanolherstellung unter Druck gesetzt wird, ist hier genauso teuer wie vor 25 Jahren.

Auch sind die Mengen, um die es in der weltweiten Biospritproduktion geht, nicht wirklich marktbeeinflussend. Etwa 3,3 Prozent der EU-Getreideernte werden derzeit für Biokraftstoffe verwendet (rund 9 Prozent aber werden als Überschussware exportiert). Auch weltweit liegen die Größenordnungen ähnlich. Von dem Verbrauch von rund 2,3 Milliarden Tonnen Getreide insgesamt gingen im Jahr 2010 etwa 144 Millionen in die Bioethanolproduktion – das sind gerade einmal 6,4 Prozent. Trotz verstärkter Biospritproduktion sind die Weltlagerbestände an Getreide auch kontinuierlich gestiegen.

Nahrungsmittelkonkurrenz Kosmetika. Andere Faktoren werden in dieser Diskussion wiederum geflissentlich verschwiegen. Dazu zählt etwa, dass es andere Produkte gibt, die mengenmäßig viel bedeutender als Konkurrenten in der Nahrungsmittelkette stehen – etwa Kosmetika, die rund das Doppelte des Biospritanteils an Palmöl verbrauchen. Oder vor allem Tierfutter in der Viehwirtschaft: 67 Prozent der Getreideernte der EU findet als Tierfutter Verwendung. Ganze Kontinente wie China sind gerade dabei, ihre Ernährungsgewohnheiten den westlichen anzupassen, hoher Fleischkonsum inklusive. Das deutet viel eher auf eine preistreibende Konkurrenz zwischen Trog und Teller, als zwischen Tank und Teller hin.

Auch andere Ereignisse wie Dürre und Missernten hatten zuletzt die Weltmarktpreise für Nahrungsmittel beeinflusst, genauso der Anstieg der Erdölpreise. Diese haben nämlich direkte Auswirkungen auf die Düngemittelproduktion für die Landwirtschaft. Ganz außer Acht lassen darf man schließlich auch die Spekulationen an den Warenterminbörsen nicht, die

zumindestens trendverstärkend wirken können. Zu den kaum bekannten Tatsachen zählen umgekehrt die agrarisch preisdämpfenden Effekte der Biospritherstellung: So ersetzen Abfälle aus dem Produktionsprozess als Eiweißlieferanten teure Sojafuttermittelimporte.

Ganz abgesehen davon, dass vom Preis für Rohstoffe noch ein weiter Weg zum Preis für Nahrungsmittel ist. Getreide, Mais oder Palmöl haben meist nur geringe Anteile an den Produktionskosten für Lebensmittel. Preissteigerungen auf dieser Ebene schlagen daher auch nur nur in diesem geringen Anteil auf Konsumentenpreise durch. Und ganz abgesehen auch davon, dass die in vielen Studien beobachteten Preissteigerungen meist nur jene der Rohstoffnotierungen an den Weltbörsen sind. Auch Börsenotierungen haben auf die Produktpreise der Endverbraucher nur einen sehr indirekten Einfluss. Und ganz abgesehen davon, dass selbst die Welternährungsorganisation FAO davon ausgeht, dass hohe Agrarpreise natürlich auch eine Stütze für regionale Landwirtschaftssysteme sein können – wenn diese nicht ausgerechnet durch das Exportstützungssystem der westlichen **Nahrungsmittelproduzenten** in Mitleidenschaft gezogen werden (und nicht der Biospritproduzenten).

Alle diese Faktoren lassen den Anteil der Flächenkonkurrenz zwischen Biosprit und Nahrungsmittelproduktion an Hungersnöten in manchen Weltgegenden auf ein immer noch bemerkbares, aber wohl regelbares Maß schrumpfen. Die FAO geht eher von einem geregelten Miteinander aus, zu dem vor allem Nachhaltigkeitszertifikate für Biotreibstoffe gehören, die verhindern sollen, dass Raubbau an der Natur betrieben wird. Das sollte auch jenen Kritikern den Wind aus den Segeln nehmen, die in Biotreibstoffen lediglich versteckte Agrarsubventionen sehen. Tatsächlich war in den Anfängen der Biomassenutzung das Lobbying der Bauernvertreter hauptsächlich davon geprägt, ihrer Klientel eine zusätzliche Einnahmenquelle zu erschließen. Und noch dazu hoch gefördert.

42. NEW GENERATION?

Doch damit ist es vorbei. Denn eines ist klar – **die Biotreibstoffe der ersten Generation (Pflanzenöle für Biodiesel, Ethanol für Benzin)** können aufgrund ihrer relativ geringen Energiedichte die fossilen Treibstoffe im Verkehrssektor nie ablösen. Allerdings – Biomasse im Mobilitätsbereich gänzlich zu verbannen, hieße das Kind mit dem Bad ausschütten. Denn die Branche ist gerade dabei, **die Biotreibstoffe der zweiten Generation** zur Marktreife zu entwickeln – auch **„biomass to liquid (BTL)“** oder „biomass to gas (BTG)“-Kraftstoffe genannt.

Dabei werden nicht mehr jene Pflanzenbestandteile verwendet, die auch in der Nahrungsmittelkette verwendet werden, sondern die holz(lignin) haltigen Pflanzenbestandteile (also Cellulose, ein Polymer aus Zuckermolekülen mit sechs Kohlenstoffatomen). Auch diese lassen sich durch spezielle Verfahren (etwa das Fischer-Tropsch-Verfahren) in Treibstoffe synthetisieren. Die Energieausbeute ist dabei wesentlich höher, die zuletzt wieder in Frage gestellte CO_2-Bilanz der Biotreibstoffe wieder eindeutig im positiven Bereich und BTL-Kraftstoffe lassen sich ohne Einschränkung herkömmlichen fossilen Kraftstoffen beimischen – das macht die Nutzung der teuren vorhandenen Infrastruktur etwa an Pipelines oder Betankungsstationen möglich.

Die wirtschaftlichen Aussichten dieses unter dem Begriff „synthetische Kraftstoffe" zusammengefassten Biosprits werden von Experten durchaus als lukrativ eingeschätzt – auch wenn sich die meisten Produktionsstandorte erst im Versuchsstadium befinden und die Produktionskosten jene von vergleichbaren fossilen Kraftstoffen noch ums doppelte übertreffen.

Das gilt auch vor allem für Österreich – an Rohstoffen scheitert es hier keinesfalls. Denn auch aus Holzabfällen lässt sich Kraftstoff synthetisieren (Methanisierung). Ein Vorgang, der so neu nicht ist: Bereits im zweiten Weltkrieg und vor allem in Südafrika gab es Autos, die mit sogenannten Holzvergasern betrieben wurden. In beiden Fällen war der Mangel an fossilen Treibstoffen der ausschlaggebende Grund für die Alternative. Allerdings – mit dem Siegeszug der benzinbetriebenen PKWs geriet die Technik beinahe wieder in Vergessenheit.

Das können Sie glauben

- Der Biosprit, wie er derzeit verwendet wird, hat möglicherweise einen Einfluss auf einzelne agrarische Rohstoffe, aber einen weit geringeren Anteil auf Nahrungsmittelkrisen in Entwicklungsländern als derzeit beklagt.
- Biosprit ist nur ein Faktor unter vielen, neben verstärkter Nachfrage durch den Anstieg der Weltbevölkerung, Änderung von Ernährungsgewohnheiten in Schwellenländern, Missernten, Dürre, Spekulationen mit agrarischen Rohstoffen sowie verstärkter Fleischproduktion.
- Biosprit der ersten Generation wurde ökologisch und ökonomisch überschätzt. Biosprit der zweiten Generation jedoch steht nicht mehr in Konkurrenz zur Nahrungsmittelproduktion. Dabei werden die holzhältigen Pflanzenbestandteile – also die Abfälle – zu synthetischen Kraftstoffen raffiniert. Diese lassen sich in die bestehende Kraftstoff-Infrastruktur und -Logistik einbinden.

Quellen

Fachverband Lebensmittelindustrie, Festel Capital, Schweiz, Wuppertal INstitut für KLima, Umwelt, Energie, wikipedia: Cellulose-Ethanol, Paul Scherrer Institut, Fachagentur Nachwachsende Rohstoffe, Unciatrends, Food and Agricultural Organisation (FAO), Österreichischer Biomasseverband, DEFRA (British Department for Environment, Food and Rural Affairs) International Energy Agency, VDB, The World Bank Development Project Group

43. BOCK ALS GÄRTNER?

Viele Carsharingangebote der Autobranche verstärken den Verkehr, statt ihn zu reduzieren.

Ist ein Begriff einmal positiv besetzt, kann man einiges damit anstellen. Der simple Kanteneinsatz beim Schifahren heißt dann „Carven", ein schrumpeliger Apfel ist „biologisch" angebaut, und wer Angst vor Gewichtszunahme hat, greift halt zu „fatburnern" aus der Dose. Auch wenn Autokonzerne ihre Liebe zum Carsharing entdecken, ist Misstrauen angesagt.

Carsharing ist ursprünglich die ökologisch und finanziell vorbildliche und daher äußerst positiv besetzte Idee, das Automobil tatsächlich mehr zu bewegen, als zu parken, indem mehreren Personen ein Nutzungsrecht darauf eingeräumt wird. Der erwünschte Effekt: Weniger Autos auf den Straßen und Parkplätzen. So weit, so grün. Warum aber sollten Autohersteller wie Mercedes oder BMW Interesse daran haben, den Bedarf an Autos zu reduzieren? Haben sie auch nicht. Denn wie die Experten der alternativen Verkehrsklubs VCÖ (Österreich) und Bundesverband Carsharing (Deutschland) übereinstimmend monieren – tragen die sogenannten Carsharing-Konzepte der Autobauer keinesfalls dazu bei, den Autoverkehr zu reduzieren. Im Gegenteil: Car2go (Daimler) und DriveNow (BMW) sind so konzipiert, dass sie Fahrten mit öffentlichen Verkehrsmitteln ersetzen – und somit als direkter Angriff auf eine der am nachhaltigsten erkannten Mobilitätsalternativen zu verstehen.

Das liegt vor allem daran, dass Tarifgestaltung und Reservierungsbedingungen etwa von Car2go so ausgelegt sind, dass längerfristige Reservierungen und lange Autofahrten unmöglich bis unrentabel sind. Sinn macht das Modell für spontane, kurze Fahrten im Stadtgebiet, die man sonst mit Bus oder Straßenbahn erledigt hätte. Es ersetzt nicht den Besitz des eigenen Autos,

denn längere Strecken und langfristige Fahrten lassen sich damit nicht organisieren. In Summe bedeutet das also **eher mehr Autoverkehr statt weniger**. Um wie viel mehr, darüber schweigt sich Daimler aus: In den ersten hundert Tagen konnte Car2go immerhin rund 17.000 angemeldete Kunden gewinnen, die sich rund 200.000 Mal für kurze Zeit ein Auto ausborgten.

Was in Wirklichkeit hinter der Herstellerstrategie steckt: Vor allem junge Leute, die kein Geld für ein Auto haben, zur Verwendung der eigenen Marke zu „erziehen", wie hinter vorgehaltener Hand schon mal zugegeben wird. Kein Wunder also, dass Daimler sein in Hamburg gestartetes Car2go-Projekt demnächst auf andere Großstädte in Europa ausdehnen will. Andere Konzerne springen auf die Idee auf: BMW will nun in

Zusammenarbeit mit dem Autovermieter Sixt in München und Berlin das System „DriveNow" starten, VW ist mit „Quicar – Share a Volkswagen" im Gespräch. In Paris startete im Herbst 2011 die Bolloré-Gruppe mit dem Elektrofahrzeugprojekt „Autolib".

Dabei hätten Systeme, die tatsächlich das langfristige Auto-Teilen organisierbar machen, sowohl finanziell als auch ökologisch einige Fantasie. Denn immerhin steht ein PKW statistisch gesehen 23 Stunden am Tag ungenutzt in der Gegend herum und verstellt kostbaren städtischen Platz. Ein echtes Carsharing Auto ersetzt bis zu acht Privat-PKWs. Das bringt vor allem finanzielle Vorteile: Als Faustregel gilt, dass Personen, die weniger als 12.000 Kilometer pro Jahr fahren, mit Carsharing günstiger aussteigen als mit dem Privat-PKW. Wer nur 5000 Kilometer pro Jahr zurücklegt, zahlt dafür laut VCÖ zwischen 4000 bis 5500 Euro pro Jahr (Vollkostenrechnung für eine Hyundai i30/Renault Megane Kombi). Mit einem Carsharing-Auto sind dafür nur zwischen 2325 und 3460 Euro einzukalkulieren. Das ist ein Kostenvorteil von rund 2000 Euro pro Jahr. Bei einer Fahrleistung von 10.000 Kilometern sind es immer noch 1000 Euro.

Weniger groß ist der direkte ökologische Vorteil, denn Autokilometer bleibt Autokilometer. Der grüne Touch der Carsharingsysteme kommt vor allem auf Umwegen zustande, indem man aufgrund der umständlichen Reservierungsmodalität auf weniger dringende Fahrten einfach verzichtet, die Umweltbelastung der Autoproduktion auf mehrere Personen aufteilt, und das jeweils modernere Auto für den jeweils geeigneten Zweck auswählen kann. Das steigert die wirtschaftliche und ökologische Effizienz.

Die Bereitschaft der Bevölkerung zum Umsteigen könnte wachsen. Denn laut einer Studie des Trendbüros Hamburg sinkt etwa die Bedeutung des Autos als Statussymbol, das man selbst besitzen muss. Nur noch 17 Prozent gaben etwa im auto-affinen Deutschland an, in dem fahrbaren Untersatz ein echtes Statussymbol zu sehen, für 32 Prozent ist dieser immerhin ein Ausdruck der eigenen Persönlichkeit. Für 41 Prozent hat das Auto nur funktionale Bedeutung. Auch im Vergleich zu anderen Konsumgütern verliert der Fetisch an emotionaler Strahlkraft, sagen Umfragen: Ein iPhone liegt darin weit über dem Auto, ein Smart oder ein Opel haben beide den gleichen bescheidenen „Protzfaktor" wie eine Waschmaschine.

Der Unternehmensberater Frost & Sullivan etwa sieht das Potential einer Verfünffachung der in Europa angebotenen Carsharing-Fahrzeuge in den nächsten fünf Jahren (von derzeit 16.000 auf 77.000) und prognostiziert bei anhaltendem Wachstum bis zum Jahr 2020 ein Umsatzvolumen von bis zu sieben Milliarden Euro.

Das können Sie glauben

- Städtische Car-Sharingangebote für Kurzfahrten wie Car2go (Daimler) und DriveNow (BMW) steigern eher den PKW-Verkehr, anstatt ihn zu reduzieren.
- Sie ersetzen weniger den eigenen PKW, als Fahrten, die sonst weit ökologischer mit öffentlichen Verkehrsmitteln gemacht worden wären.
- Echtes Carsharing als Ersatz für den Privat-PKW rentiert sich allerdings bei einer Jahresfahrleistung von 12.000 Kilometern mit bis zu 2000 Euro pro Jahr.

Quellen

Cambio, Daimler, BMW, Volkswagen, Bundesverband Carsharing, VCÖ, Frost&Sullivan, Verband der Automobilindustrie (VDA), Progenium, Trendbüro Hamburg, Fraunhofer Institut für offene Kommunikationssyste

44. ABSPECKEN ZUM SPRITSPAREN?

Theoretisch. Praktisch aber werden die meisten Autos durch ein Mehr an Technik immer schwerer.

Es war wohl so etwas wie ein orientalisches Märchen, bei dem der Wahrheitsgehalt weit weniger wichtig ist, als Spannung beim Vortrag und Anregung der Phantasie. So gesehen war es zwar durchaus stimmig, als der Volkswagenkonzern 2010 bei der Automesse in Katar auf der arabischen Halbinsel am Persischen Golf mit dem XL-1 das erste Ein-Liter-Auto der Welt präsentierte, das aus dem Hightech-Leichtbaumaterial Carbon hergestellt wird. Aber die subkutan mitgelieferte Botschaft, die automobile Welt kümmere sich tatsächlich um leichte, spritsparende Autos, ist bislang nur ein Märchen, um nicht zu sagen, eine Energiesparlüge.

Denn die Wirklichkeit ist eine andere. Bis vor kurzem ging es den zugelassenen PKWs so, wie den meisten Menschen im Laufe ihres Lebens: Die Gewichtszunahme ist unabänderlich, egal, welche Diät man auch versucht. Wog etwa das durchschnittliche Dieselfahrzeug im Jahr 2000 in Österreich noch 1387 Kilo, so brachte es im Jahr 2008 bereits 1516 auf die Waage. Beim Benziner war der Anstieg nicht so rasant, aber auch feststellbar. Und das sind nur Durchschnittswerte, die nichts über den tatsächlichen Flottenzustand aussagen. Denn einzelne Fahrzeugmodelle würden bei den Weightwatchers wohl für peinliche Waage-Outings sorgen, wie das deutsche Automagazin „autobild" in einer Vergleichsstudie im Vorjahr berechnete.

So etwa liegen zwischen dem Opel Insignia und seinem Vorgängermodell, dem Opel Ascona, nicht weniger als **601 Kilogramm Mehrgewicht**. Oder, andere Beispiele: Der Audi A5 etwa bringt um 475 Kilo mehr auf die Waage als sein Vorgänger, der Audi Coupe B5. Der Golf VI, um bei Volkswagen zu bleiben, muss 387 Kilo mehr bewegen als sein Vorgänger, der Golf 1 aus dem Jahr 1983. Selbst die sparsamen Japaner weisen den einen oder anderen zusätzlichen Speckring auf: Der Toyota Yaris etwa wiegt um 170 Kilo mehr als der Vorgänger Starlet.

Verantwortlich dafür sind zum einen die immer größeren Ausmaße der Fahrzeuge. Zum anderen die immer großzügigeren Zusatzfeatures, die in die Karossen eingebaut werden. So brauchen etwa elektrisch anpassbare Sitze schwere Stellmotoren (Elektromotoren), genauso aber Scheibenwischer, Waschpumpe, Heizgebläse, Kühlerlüfter, Fensterheber, Schiebedach, Zentralverriegelung, Niveauregulierung, Anlasser, Scheinwerferhöhenverstellung, Scheinwerferwaschanlage, verstellbare Spiegel, Tempomat, Bremsassistent, Drosselklappe, Massagesitz, automatisch abblendbare Innenspiegel, Kassettenspieler (wahlweise CD, Minidisc), CD-Wechsler, klappende Bedienblende des Radios, usw.

Ein weiterer Grund für die Gewichtszunahme: Je höher die erzielbare Spitzengeschwindigkeit eines Fahrzeugs, umso schwerer wird auch der sicherheitstechnisch notwendige Crash-Schutz. Klimasysteme in Fahrzeugen wiederum wiegen rund 25 Kilogramm, noch ganz ohne Sitzheizung ... Oder, besonders zynisch aus ökologischer Sicht, ausgerechnet die als sparsam geltende Hybridtechnologie sorgt mit der doppelten Motorisierung (Fossil/Elektro) für einen ordentlichen Gewichtsschub in den Automobilen.

200 Kilogramm kosten einen Liter Sprit: Dabei ist der so genannte „Leichtbau“ tatsächlich die theoretisch einfachste Form der Effizienzsteigerung. Immerhin lassen sich je 100 Kilogramm Gewichtseinsparung 0,3 bis 0,5 Liter in der Verbrauchsstatistik gut machen. Die 795 Kilogramm für den eingangs erwähnten futuristischen VW-Zweisitzer XL-1 sind da auch eine echte Ansage. Dessen Karosserie ist aus Kohlefaserverbundstoff (CFK, vulgo „Carbon“), übrigens von der Österreichischen Hightechschmide Carbotech (Salzburg) gefertigt. Der Werkstoff gilt mit gerade einmal 1,5 Kilogramm pro Kubikdezimeter spezifischem Gewicht als einer der

Zukunftshoffnungen im Leichtbau, er ist rund 50 Prozent leichter als Stahl, aber bislang auch doppelt so teuer, denn die Verarbeitung von CFK ist aufwändig. Bis zum flächendeckenden Einsatz von Carbon gilt Aluminium als Stoff, aus dem die automobilen Träume sind. Nicht zuletzt auch deswegen, weil das immer tiefere Wissen um Materialverbindungen zwischen Stahl und Aluminium immer raffiniertere Konstruktionen möglich macht.

Allerdings – leichte Fahrzeuge zu bauen hängt offenbar nicht alleine vom Material, sondern vor allem vom Kundenverhalten ab. Deren Nachfrage nach leichteren und damit spritsparenderen Autos hat sich erst im Zuge der Finanzkrise im Jahr 2009 verändert: Damals bewirkte die höhere Anzahl an verkauften Kleinwagen tatsächlich eine Auswirkung in der Gewichtsstatistik, minimal, aber immerhin. Im Jahr 2010 allerdings war dieser Effekt schon wieder verpufft.

Das können Sie glauben

- Leichtere Autos würden tatsächlich jede Menge beim Spritsparen helfen, nämlich 0,3 bis 0,5 Liter je 100 eingesparten Kilogramm. Nur – sie werden kaum gebaut. Und nicht gekauft.
- Stattdessen wurden die Autos immer schwerer – um bis zu 600 Kilogramm gegenüber dem Vormodell. Die Leichtbautechnologie kann den Zuwachs an Zusatzfeatures im Auto gewichtsmäßig nicht ausgleichen.
- Erst im Zuge der Finanzkrise 2009 nahm das Durchschnittsgewicht aller neu zugelassenen PKW-Typen minimal ab. 2010, aufgrund der Finanzkrise, aber wieder zu.

Quellen

Autobild.de, Statistik Austria, Volkswagen AG, Greenpeace

Ursprungsmodell	Folgemodell	Gewichts-zuwachs
Opel: Ascona B 1981):	Insignia (seit 2008)	603 Kg
Opel Kadett D 1984)	Opel Astra J (seit 2010)	558 Kg
Audi: 80 B2 1986)	A4 B8 (seit 2007)	535 Kg
Mini: MK IV 1983)	One R56 (seit 2006)	528 Kg
Peugeot: 104 1988)	207 (seit 2006)	494 Kg
Audi Coupé B2 1987)	Audi A5 (seit 2007)	475 Kg
Audi: 100 C2 1982)	A6 C6 (seit 2004)	440 Kg
BMW: 5er E12 1981)	5er F10 (seit 2010)	435 Kg
VW Caddy 14D 1993)	VW Caddy 2K (seit 2004)	435 Kg
Ford: Escort III 1990)	Focus MK II (seit 2004)	427 Kg
Renault 5 1984)	Renault Clio III (seit 2005)	425 Kg
Nissan: Micra K10 1993)	Micra K12 (seit 2003)	401 Kg
BMW: 3er E21 1983)	3er E90 (seit 2005)	395 Kg
Opel: Corsa A 1993)	Corsa D (seit 2006)	390 Kg
Fiat Uno 1995)	Fiat Punto Evo (seit 2010)	390 Kg
VW: Golf I 1983)	Golf VI (seit 2008)	387 Kg
VW Passat B2 1987)	VW Passat B6 (seit 2005)	373 Kg
VW Polo 86 1981)	VW Polo 6R (seit 2010)	367 Kg
Mercedes: 190 W 201 1993)	C-Klasse W 204 (seit 2007)	355 Kg
Renault: R14 1982)	Mégane III (seit 2008)	340 Kg
Fiat 126 Bambino 1985)	Fiat 500 (seit 2007)	340 Kg
Ford Fiesta MK I 1982)	Ford Fiesta MK VII (seit 2008)	311 Kg
Seat Ibiza 021 1993)	Seat Ibiza 6J (seit 2008)	264 Kg
Fiat: Panda 141 (2003)	Panda 169 (seit 2003)	239 Kg
Mercedes W 123 (1985)	Mercedes E-Klasse W 212 (seit 2009)	225 Kg
Toyota: Starlet P6 (1984)	Yaris (seit 2006)	170 Kg

45. WINDRÄDER SIND VOGELSCHREDDER?

Den meisten Windkraftanlagen fallen pro Jahr nicht mehr als ein oder zwei Vögel zum Opfer – Katzen weit mehr.

„Der Tod naht mit 320 kmh", „Vogelfalle Windrad", „Warum Windräder Fledermäuse töten". Das ist nur eine kleine Auswahl an griffigen Titeln in manchen Boulvardmedien, die in den vergangenen Jahren über neue Windkraftanlagen berichteten. Es geht um die durchaus berechtigte Sorge, ob die drehenden Rotorblätter von Windkraftanlagen Vögel gefährden können. Und tatsächlich sind Hindernisse im Luftraum grundsätzlich eine Gefahr für fliegende Tiere, Windräder sind da keine Ausnahme. Dass sie allerdings eine derart große Bedrohung für Vogel- oder Wildtierpopulationen darstellen, dass man auf die Technologie verzichten müsste, ist eher Polemik aus ideologischer Gegnerschaft, zeigen ernstzunehmende Untersuchungen der vergangenen Jahre.

Schon in den Anfangsjahren der Windkraft (1990er-Jahre) häuften sich die Untersuchungen zu den Auswirkungen auf die Vogelwelt. Mit dem nun angestrebten Ausbau der Technologie wird sich die Diskussion wiederholen. Dabei sind die Fakten seit damals halbwegs bekannt: Seit 1989 dokumentiert etwa die Staatliche Vogelschutzwarte Brandenburg in einer zentralen Datenbank alle Meldungen über gefundene tote Vögel in der Nähe von Windkraftanlagen in Deutschland – und das sind seither ganze 681.

Die Dunkelziffer ist allerdings sehr hoch. Der deutsche Naturschutzbund schätzt die tatsächlich getötete Zahl (unabhängig von etwaigen Meldungen) auf zirka 10.000 bis 100.000 pro Jahr, was aber rechnerisch bei rund 20.000

installierten Windrädern in Deutschland nur rund ein bis zwei Vögel pro Jahr und Windrad ausmacht. Schon diese Schätzung relativiert den Mythos der „Vogeltötungsmaschine“ Windrad.

Der Naturschutzbund kann sich bei seiner Aussage auf eine Studie des Michael-Otto-Instituts stützen, die es 2006 ganz genau wissen wollte und 45 Untersuchungen zu dem Thema in einer Metastudie zusammenfasste. Da gab es vor allem zwei Erkenntnisse: Die Höhe der Windräder hat offenbar keinen Einfluss auf den sogenannten „Vogelschlag“ (wie es auch in der Luftfahrt heißt). Die Kollisionsraten von Vögeln und Fledermäusen hingen im Wesentlichen mit den Standorten der Anlagen zusammen. Während etwa im Grünland oder in Moorlandschaften Kollisionsraten von unter eins pro Jahr gezählt wurden, erhöhten sich diese auf Gebirgsrücken oder in Waldnähe auf bis zu 64 pro Jahr.

Kollisionsopfer: Auf ähnliche Zahlen kommt auch das Büro für Biologie, Ökologie und Naturschutzforschung (BIOME), das in Niederösterreich in den Jahren 2004 und 2005 im Auftrag der Landesregierung entsprechende Untersuchungen durchführte (damals gab es in Niederösterreich rund 200 Windräder): Pro Anlage und Jahr wurden durchschnittlich 2,6 Vögel und

2,8 Fledermäuse als wahrscheinliche Kollisionsopfer gefunden. Bereinigt um die angenommene Verschleppungsrate toter Tiere durch Marder und dergleichen erhöht sich die Rate in dieser Untersuchung auf 7,1 Vögel und 5,3 Fledermäuse.

Ist das nun viel oder wenig? US-Präsidentschaftskanditat und Umweltschützer Al Gore hat in seinem 2009 erschienen Buch „Our Choice: A Plan to Solve the Climate Crisis“ einen anschaulichen Vergleich gezogen. Bezogen auf Amerika sterben pro Jahr 590 Millionen Vögel an den **Glasfassaden** großer Wolkenkratzer, 120 Millionen durch die normalen **Überlandstromleitungen**, weitere 100 Millionen fallen herumstreunenden **Hauskatzen** zum Opfer, 80 Millionen verenden nach Kollisionen mit **fahrenden Autos**, immer noch 67 Millionen gehen an **Pestiziden** zugrunde, die in der Landwirtschaft eingesetzt werden. Aber nur gerade einmal 0,0285 Millionen durch die sich drehenden **Rotoren von Windrädern**. In Österreich wird es nicht anders sein.

Das können Sie glauben

- Windräder sind wie alles, was den Luftraum blockiert, eine Gefahr für fliegende Tiere.
- Allerdings: Selbst Naturschützer zählen in 95 Prozent der Anlagen nicht mehr als ein bis zwei getötete Vögel pro Jahr; inklusive Dunkelziffer rechntet man etwa mit fünf bis sieben.
- Das sind in Summe vergleichsweise nur etwa 0,005 Prozent jener Vögel, die an den Glasfassaden mittlerer und großer Wolkenkratzer sterben.
- Spezielle Standorte in Waldesnähe oder auf Bergrücken sind allerdings potentiell gefährlicher für Vögel.

Quellen

Al Gore: Our Choice: A Plan to Solve the Climate Crisis, Michael Otto-Institut (NABU Forschungs- und Bildungszentrum), Bundesumweltministerium Berlin, Büro für Biologie, Ökologie und Naturschutzforschung (BIOME), focus März/2011

46. KLEIN, FEIN, ÖKO?

In Wirklichkeit verstauen Kleinwasserkraftwerke für den gleichen Stromertrag zehnmal mehr Fließgewässer als Großkraftwerke.

Manchmal sind die sympathischsten Lösungen sachlich nicht die besten. Bisher galten Kleinwasserkraftwerke, mit ihren überschaubaren Ausmaßen, dem manchmal wild-romantisch veralteten Industriecharme und der oftmals starken regionalen Verankerung ihrer Eigentümer als die gemütliche Ausnahme der Bau- und Staulobby der E-Wirtschaft, die die Alpentäler sonst rücksichtslos mit überdimensionierten Staumauern zubetoniert, monströse Stromleitungen über Almwiesen bis ins feindliche Ausland spannt und dafür Forellen, Huchen und Alpenlachse auf dem Trockenen zappeln lässt. Allerdings – beides ist nicht nur hemmungslos überzeichnet, sondern auch in Sachen Energieeffizienz nicht ganz richtig. Wer die guten Kleinwasserkraftwerke von den bösen Großkraftwerken trennen will, kann leicht einer Energiesparlüge aufsitzen.

Denn, so zeigte eine Untersuchung des Instituts für Hydrobiologie und Gewässermanagement der Universität für Bodenkultur in Wien im Jahr 2010, Kleinwasserkraftwerke sind keinesfalls die ökologisch Guten in dem Spiel um die zukünftige Stromversorgung. Die Wissenschaftler hatten berechnet, in welcher Form das noch offene Ausbaupotential an Wasserkraft in Österreich am ökologisch verträglichsten genützt werden könnte. Als eines der Kriterien wurde dabei die benötigte Staustrecke in Rechnung gestellt. Und da zeigte sich, dass die Kleinwasserkraftwerke (unter 10 mW Leistung) die Flüsse am stärksten schädigen. Es bräuchte 803 davon, die **über 500 Kilometer an Fließstrecken verstauen**, um das noch ausbaubare Gesamtpotential von 2,8 Terrawattstunden (ganz Österreich braucht etwa 60 Terrawattstunden Strom pro Jahr) nutzen zu können.

Würde man hingegen den bestehenden Kraftwerksmix in Österreich aus großen und kleinen Kraftwerken als Berechnungsgrundlage heranziehen, bräuchte man nur 107 Kraftwerke. Ausschließlich durch große Speicher-

kraftwerke aufgebracht (wie jenes in Kaprun, das über 400 mW Leistung ins Netz speisen kann), könnte man das Restpotential in Österreich nutzen und müsste weniger als 50 Kilometer freie Fließstrecken dafür opfern. Auch wenn dies nur eine theoretische Vergleichsrechnung ist, die so nicht in die Praxis umgesetzt werden kann, da die Gewässerführung weder das eine, noch das andere Extremszario zulässt: Klein ist aus ökologischer Sicht nicht unbedingt fein.

330 Neuprojekte: Derzeit gibt es rund 2600 derartiger Kleinanlagen in Österreich, rund 330 neue Projekte für Neubauten befinden sich im Planungsstadium, sagt der Verein für Kleinwasserkraftwerke. Das liegt auch daran, dass diese Kraftwerke eine Reihe von wirtschaftlichen Bevorzugungen genießen, die sie für ihre Betreiber zu einem – zumindest mittelfristig – interessanten Investment werden lässt:

- Zum einen produzieren Anlagen unter 10 mW Leistung per definitionem Ökostrom (im Unterschied zu ihren großen Brüdern und Schwestern) und haben somit einen bevorzugten Netzzugang – also eine Art staatliche Abnahmegarantie.

- Sie können dafür auch noch einen bevorzugten Einspeisetarif laut Ökostromgesetz lukrieren und das auf mehrere Jahre hindurch fixiert.

- Letztlich können sich Kleinwasserkraftwerksbetreiber in einem gewissen Ausmaß auch die Unweltverträglichkeitsprüfung ersparen und somit viele lästige Diskussionen mit Behörden, Anrainern und Umweltorganisationen.

- Bislang problematisch war auch die Ausgestaltung mit Fischaufstiegshilfen – die so genannte „Durchgängigkeit", die nach der neuen europäischen Wasserrahmenrichtlinie allerdings ab 2015 auch für Kleinwasserkraftwerke Geltung bekommt.

Freilich – eine gesamt-ökologische Bewertung beinhaltet mehr als nur den Staueffekt. Und dann ist bei strenger Rechnung durchaus noch der eine oder andere Pro-Faktor in die Bewertung für die kleinen Kraftwerke mit einzubeziehen. Da lassen sich am ehesten geschlossene regionale Wasser- und Stoffkreisläufe realisieren. Genauso entstehen dort lokale Biotope, Hochwasserschutzzonen oder gelingt die Renaturierung abgewirtschafteter Flussbereiche. Eine Gesamtbetrachtung könnte daher den ein oder anderen verstauten Flusskilometer wieder wettmachen.

Das können Sie glauben

- Kleinwasserkraftwerke sind nicht automatisch ökologischer, nur weil sie klein sind.
- Verglichen mit dem Stromertrag verbrauchen sie etwa das zehnfache an freier Fließstrecke wie große Speicherkraftwerke. Dennoch werden sie aus dem Ökostromfördersystem großzügig gefördert.
- Eine Gesamtbetrachtung muss allerdings auch Nebeneffekte wie lokale Biotope, Hochwasserschutz oder Gewässerrenaturierung berücksichtigen.

Quellen

Umweltdachverband, Universität für Bodenkultur Wien, WWF, Kleinwasserkraft Österreich

47. AUS FÜR ALTE STINKER?

Verbrennungsmotoren sind Elektroautos energetisch kaum unterlegen – rechnet man die gesamte Energiekette von der Ölförderung bis zur Straße mit ein.

Energiespardiskussionen lassen sich herrlich ideologisch führen. So zum Beispiel die Diskussion um den idealen Antrieb für ein Auto. Elektroantrieb oder Verbrennungsmotor? Unter vielen guten Argumenten werden regelmäßig auch die unterschiedlichen Wirkungsgrade der jeweiligen Motortechnologie auf die Waage gelegt: Denn nicht die ganze Energie, die in einen Motor reingesteckt wird, kommt auch als Fortbewegungskraft wieder heraus. Und da protzen Elektromotoren tatsächlich mit technischen Wirkungsgraden von 80 Prozent und mehr. Die alten Stinker aus dem fossilen Vierradzeitalter hingegen können bestenfalls 20 bis 30 Prozent der eingesetzten Energie in Fortbewegung umwandeln, der Rest wird großteils in Wärme umgewandelt und verschwindet via Auspuff und Kühlflüssigkeit in die Umgebung.

Allerdings – das ist nur die halbe Rechnung in Sachen Wirkungsgrad. Denn diese für das E-Auto so positive Vergleichszahl betrachtet nur jene Energieumwandlung, die zwischen Tank (Batterie) und Straße (Fortbewegung) stattfindet, im englischen Fachjargon „tank to wheel" genannt. Stellt man allerdings seriöserweise auch den vorgelagerten Bereich in Rechnung, in dem die Primärenergie hergestellt wird – also vom Ursprung (Ölförderung) bis zum Rad, auch „well to wheel" genannt – dann gleicht sich das Verhältnis zumindest aus. In dieser umfassenden Rechnung „verbrauchen" Elektroautos kaum weniger Energie als herkömmliche PKWs mit Verbrennungsmotoren. In vielen Fällen sogar mehr.

Denn der Strom als direkte Antriebskraft kommt zwar aus der Steckdose – muss zuvor allerdings in Kraftwerken hergestellt werden. Und diese werden unter Umständen mit genau jener Primärenergie befeuert, die sonst direkt im Automotor verbrannt wird, etwa: mit raffiniertem Erdöl. Die oftmalige Umwandlung der Energie für die Fortbewegung eines reinen

Elektroautos – von fossilem **Brennstoff in Wärme** (Dampfkraftwerke), von **Wärme in Bewegung** (die der Dampfturbine), von **Bewegung in Strom** (Wechselstrom), vom **Strom in Chemie** (Gleichstrombatterie) und letztlich wieder von der **Batterie in Bewegung** (Elektromotor) – kostet jedes Mal ein paar Prozentpunkte Effizienz. Bei einem Verbrennungsmotor hingegen erspart man sich diese Zwischenschritte und wandelt die Primärenergie (raffiniertes Erdöl) direkt in Bewegung um. Diese Abkürzung macht auch den Nachteil wett, dass die Erstumwandlung des fossilen Energieträgers Erdöl in einem Großkraftwerk für die Stromerzeugung tatsächlich effizienter erfolgt als in einem Automotor.

Die Zahlen zu dieser Rechnung differieren je nach Berechnungsart. Sie zeigen aber alle, dass es in der Klimaschutzdiskussion keine simplen Lösungen gibt, etwa die, einfach alle Autos auf Elektroantrieb umzurüsten. So ist der Gesamtenergieverbrauch eines durchschnittlichen mit Diesel angetriebenen Fahrzeuges je hundert Kilometer (einschließlich Förderung und Raffinierung des Erdöls) laut einer Studie der Hochschule Pforzheim mit rund sechs Litern Benzinäquivalent zu veranschlagen. Und ein Elektroauto? Das braucht in dieser Gesamtschau genauso viel, berechnet man den Wert inklusive Stromherstellung (EU-Strommix) und Li-Ion-Batterie. Mit einer weniger effektiven Batterie (etwa Ni-MH), oder alleine mit Strom aus Braunkohlekraftwerken betrieben, würden rechnerisch sogar bis zu rund 12 Liter Benzinäquivalent auf der Verbrauchs-Seite eines E-Autos stehen. Sparsamer in Sachen Energie sind die Diesel-Hybridvarianten – die kommen auf rund fünf Liter Benzinäquivalent.

Die gar nicht so überwältigende energetische Bilanz des Elektroautos verschlechtert sich noch mehr, wenn man automobile „Zusatzdienste“ in Rechnung stellt, die beim Betrieb hin und wieder nachgefragt werden, wie Heizung oder Klimaanlage. Diese Aggregate verbrauchen bei einem normalem PKW zwischen 20 und 25 Prozent des gesamten Energieeinsatzes. Diese Menge fällt bei einem Verbrennungsmotor als Abfallprodukt an (Abwärme des Motors) und müssen streng genommen aus einer vergleichenden Effizienzrechnung herausgenommen werden. Damit steigt die Verbrenner-Effizienz. Bei einem batteriegespeisten Elektromotor sinkt hingegen die Effizienz, wenn für Heizung oder Kühlung, Fensterheber, elektronische Sitzverstellung und Außenspiegel ein paar Kilowatt abgezweigt werden müssen.

Stellt man dann auch noch das offene Optimierungspotential der herkömmlichen Verbrennungsmotoren in Rechnung, wäre es im Gegensatz zum derzeitigen Hype rund um Elektroautos leicht möglich, dass die Stimmung doch wieder Richtung Verbrenner kippt. Schon die relativ neuen Spritspar-Technologien (etwa „blue-motion“ von VW) drücken die Durchschnittsverbräuche normaler Mittelklasse-PKWs auf unter fünf Liter je 100 km, in den meisten „well to wheel“-Berechnungen sind sie noch mit einem Liter mehr enthalten. Volkswagen hat im Frühjahr 2011 auf der Automesse in Quatar auch **das erste 1-Liter Auto** vorgestellt – mit Dieselmotor. Der Österreicher Peter Hofbauer, ehemaliger VW-Motorenchef, hat Anfang 2011 eine neuartige 2-Takt-Gegenkolben-Verbrennungsmotortechnologie zur Serienreife gebracht, die nochmals zwischen 15 und 45 Prozent Treibstoffersparnis möglich macht. Der Produzent des sogenannten OPOC-Motors: Navistar, einer der größten Motorenhersteller der Welt.

Kein Wunder also, wenn die EU mittlerweile eine Umstellung der Kennzeichnung für die **Flottenverbräuche der Autohersteller** in Richtung ehrlicher „well to wheel“-Bilanz plant. Noch drücken dort die Elektrofahrzeuge als Null-Emissionsfahrzeuge die vorschriftsrelevanten Durchschnittswerte. Die ehrliche „well to wheel“-Rechnung – also jene, die den ganzen Energieprozess einkalkuliert – hat durchaus gravierende Auswirkungen auf den ökologischen Footprint der verschiedenen Antriebssysteme. Und zwar nicht nur deswegen, weil effizientere Energienutzung grundsätzlich umweltschonender ist. Auch je nach Art der Primärenergieerzeugung

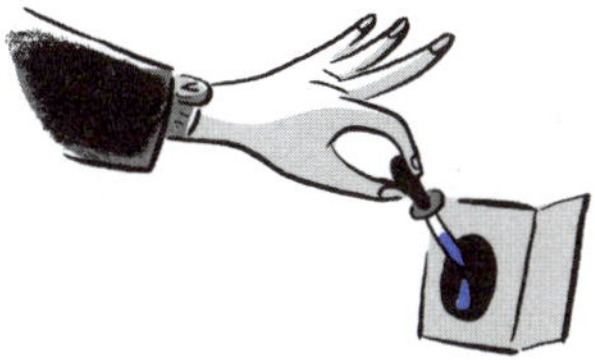

fließen mehr oder weniger klimaschädliche Komponenten in eine Emissionsbilanz ein. Sprich: Strom aus Öl- oder Gaskraftwerken machen ein Elektroauto „schmutziger", als ein PKW mit Verbrennungsmotor. Strom aus erneuerbarer Produktion (Wasserkraft, Photovoltaik) verhelfen ihm allerdings zu einem umweltpolitischem Heiligenschein. In der realen derzeitigen Stromwelt ist ein E-Auto nicht klimaneutral zu fahren. Zu hoch sind die Stromanteile aus fossilen und atomaren Kraftwerken im europäischen Stromerzeugungs-Mix.

Das können Sie glauben

- Elektromotoren in Fahrzeugen arbeiten dort zwar effizienter als Verbrennungsmotoren, aber das ist nicht die ganze Energiebilanz des Mobilitätsystems.

- Für eine ehrliche Bilanz muss die gesamte Energieumwandlungskette von der Erdölförderung bis zur Fortbewegung auf der Straße betrachtet werden (so genannte „well to wheel"-Rechnung).

- Die meist wenig effiziente Stromherstellung (Wirkungsgrad der Kraftwerke, EU-Mix) macht dabei den Effizienzvorteil des Elektroantriebs wieder zunichte. Eine sparsame Dieseltechnologie hingegen ist energetisch effizienter.

- Wirklich energieeffizient wird ein Elektroauto nur durch 100 Prozent erneuerbare Energie bei der Stromerzeugung. Und wirklich ökologisch wird ein Verbrennungsmotor nur mit Biosprit der 2. Generation, der nicht mit der Nahrungsmittelherstellung konkurrenziert.

Quellen

Hydrogen Center Austria, Greenpeace, General Motors, Hochschule Pforzheim, Austrian Mobile Power, Zeit Online, Argonne National Laboratory, TIAX/LLC for California Energy Commission, Ludwig-Bölow-Systemtechnik, CE Delft

48. BIOSPRIT SCHADET DEN MOTOREN?

99 Prozent der Autos vertragen die 10-prozentige Ethanolbeimischung zu Benzin (E10) ohne Probleme.

Kaum ein Thema emotionalisiert die Öffentlichkeit so, wie das Autofahren. Daher ist es nicht weiter verwunderlich, dass schon minimale Änderungen an lieb gewordenen Gewohnheiten große Aufregungen verursachen können. So etwa zuletzt in Deutschland, wo die Einführung von E10 – das ist Benzin mit einem Energieanteil von 10 Prozent Ethanol – nach einer aus den Ufern gelaufenen Spirale aus technischen Vorbehalten, aufbauschenden Medienberichten und Positionierungsbemühungen der Autofahrerklubs beinahe zu einem Volksaufstand geführt hätte. Auch in Österreich könnte Ähnliches passieren.

Allerdings völlig zu unrecht. Ethanol (Alkohol) als Beimischung zu Benzin, bzw. Pflanzenöl (Fettsäuremethylesther, FAME) als Beimischung zum Dieselkraftstoff sind durchaus taugliche Technologien, wenn es um den Ersatz fossiler Treibstoffanteile im heimischen Fuhrpark geht. Zumindest die Verträglichkeit der Motoren betreffend. Die größeren Schäden im Zusammenhang mit Autos verursacht jener Ethanol, den die Fahrer zu sich nehmen.

Biodiesel ist in Österreich seit dem Jahr 2005, von den meisten unbemerkt, problemlos im Einsatz. Seit 2005 werden rund fünf Prozent beigemischt, seit 2009 rund sieben Prozent (B7). Dies in beginnender Erfüllung einer EU-Vorschrift, wonach der Anteil biogener Treibstoffe im Transportsektor insgesamt bis zum Jahr 2020 10 Prozent betragen soll. Der nächste Schritt dazu ist nicht nur in Österreich die Einbeziehung der Benzin-Kraftstoffe.

Technisch gesehen ist auch das kein Problem. Beinahe alle moderne Motoren sind laut dem deutschen Automobilexperten Ferdinand Dudenhöffer von der Universität Duisburg/Essen auf den biogenen Anteil von 10 Prozent Ethanol vorbereitet. Selbst weit höhere Anteile sind kein Problem. So genannte Flex Fuel Vehicels in Brasilien und Nordeuropäischen Ländern fahren mit bis zu 85–prozentiger Beimischung. Die Autokonzerne machen bei der Produktion ihrer Modelle keine länderspezifischen Unterschiede.

Auch der deutsche Automobilklub ADAC musste nach anfänglicher Opposition zugeben, dass **bisher kein einziger Fall von Motorschaden durch die Verwendung von E10** in den von den Herstellern freigegebenen Modellen bekannt wurde. Das ist kein Wunder, denn erstens sind mittlerweile mehr als 99 Prozent aller Fahrzeuge E10-tauglich, bestätigt der Verband der deutschen Autoindustrie und tatsächlich enthält Benzin in Deutschland schon seit langem 5 Prozent Ethanol, ohne dass es zu Auffälligkeiten gekommen wäre. Die meisten Hersteller geben mittlerweile alle Modelle frei, Ausnahmen sind bei älteren Modellen zu finden. Da der österreichische Autobestand älter ist als der deutsche, ist hier mit einer höheren Zahl an Unverträglichkeiten zu rechnen, die sich aber auch im niedrigen einprozentigen Bereich bewegen dürften. Andere Länder sind in der Diskussion bereits einen Schritt weiter: Schon 2002 ist in Australien eine Beimischung von 20 Prozent Ethanol erlaubt. Im Jahr 2010 gab eine Studie des internationalen Beraterunternehmens Ricardo Inc. Entwarnung für Autos der Herstellerjahre 1994 bis 2000 für die damals in Amerika eingeführte Beimischung von 15 Prozent Ethanol.

Tatsächlich kann der höhere Ethanolanteil in einzelnen Modellen – vor allem älterer Bauart – zu Korrosionsschäden an Dichtungen führen. Ein Langzeittest mit einem NICHT frei gegebenen Opel-Modell (Signum) hat nach 27.000 Fahrkilometern zu einer undichten Benzinpumpe geführt. Das sei auf den verwendeten E10-Kraftstoff zurückzuführen, argumentiert der ADAC und empfiehlt, im Zweifelsfall doch den Hersteller zu kontaktieren. Entsprechende Listen liegen auch bei den Autofahrerverbänden auf

49. STEUERLICH BEGÜNSTIGT?

Das einzige wirkliche Problem, das auf die Autofahrer in Österreich zukommen könnte, ist ein fiskalisches. Denn mit der Einführung von E10 im Jahr 2012 – das ist übrigens keinesfalls ein Geheimplan, sondern seit dem Inkrafttreten der EU-Verordnung im Jahr 2005 so geplant – muss auch die steuerliche Behandlung dieser Treibstoffsorte neu geregelt werden. Wird das Beispiel von Biodiesel aus dem Jahr 2005 herangezogen, gibt es eine klammheimliche Steuererhöhung, die der damalige Finanzminister Karl-Heinz Grasser auch noch als Steuersenkung verkaufen konnte.

Der MÖST-Satz für den neuen Diesel, der nun erstmals fünf Prozent biogene Anteile enthielt, wurde damals pauschal von 30,2 Cent je Liter (Regelsteuersatz für normalen Diesel) auf 29,7 Cent je Liter gesenkt. Das sah nach einer Förderung für den neuen Diesel aus und ergab auch in Summe ein Steuerminus von 20 Millionen Euro. Grasser ließ sich auch entsprechend feiern.

In Wirklichkeit aber hatte der Finanzminister mit dieser Senkung eine bereits bestehende und für Autofahrer eigentlich noch bessere steuerliche Beimisch-Regelung entsorgt. Hundertprozentiger Biosprit war damals, und ist es auch noch heute, in Summe zu 100 Prozent MÖST-befreit. Nach alter Regelung berechnet, hätte eine Beimischung eine auf den gesamten Liter bezogene, anteilsmäßige Steuererleichterung nach sich gezogen. Statt 30,2 Cent wären für den neuen Diesel mit fünf Prozent biogenen Anteilen nur 28,96 Cent an MÖST zu bezahlen gewesen, also deutlich weniger als mit der nachfolgenden Grasser-Regelung. In Summe hätte Finanzminister Karl-Heinz Grasser nach der alten Regelung insgesamt auch noch einen Steuerausfall von 60 Millionen Euro gehabt.

Oder andersrum: Er hat die Steuer im Vergleich zur Beimisch-Regelung zuvor schlicht erhöht und so den drohenden Einnahmenausfall um 40 Millionen Euro verringert.

Das können Sie glauben

- Die Panikmache vor der Ethanolbeimischung zum Benzin (E10) hat keine technischen Grundlagen.
- 99 Prozent des Autobestands in Deutschland vertragen E10 problemlos, sagt der Verband deutscher Automobilhersteller mittlerweile. Für einzelne ältere Modelle allerdings gibt es die Empfehlung, auf Treibstoff ohne Ethanolzusätze umzusteigen.
- In Ländern wie Brasilien oder in Nordeuropa fahren die gleichen Autos mit bis zu 85-prozentiger Ethanolmischung, sagt Autoexperte Ferdinand Dudenhöffer.
- Eine neue Mineralölsteuerregelung für E10 könnte eine Verschlechterung bringen – so wie im Jahr 2005 bei der Einführung von Biodiesel.

Quellen

Verband deutscher Automobilindustrie, Universität Duisburg/Essen, Stern-TV, Bundesministerium für Landwirtschaft und Umwelt

50. ÖKOSTRAMPELN MIT ELEKTROBOOSTER?

Nur wer auf sein Auto tatsächlich verzichtet, kann durch ein E-Bike auch Geld sparen.

So schnell kann sich ein bieder-belächeltes Pensionistengerät, das nur knapp am Rollstuhlimage vorbeischrammt, zum Lifestyleprodukt wandeln. Wer sich noch vor fünf Jahren mit einem Elektromotor am Fahrrad hatte blicken lassen, wurde als Weichei belächelt. Heute zählt die Anschaffung eines E-Bikes (oder Pedelecs wie die Deutschen sagen) als trendy und umweltschonend. Sagen zumindest die Hersteller.

Allerdings: Die zusätzliche Anschaffung eines mit Elektromotor (mal mehr, mal weniger) unterstützten Fahrrades, um die täglichen Kurzstrecken mit dem sonst durchschnittlich verwendeten PKW zu ersetzen, ist zwar ökologisch vorbildhaft, finanziell aber unter Umständen belastender als allgemein erwartet. Denn die Fixkosten des eventuell vorhandenen Autos laufen auch dann weiter, wenn das E-Bike benutzt wird und müssen – streng genommen – den E-Bike-Kilometern hinzugerechnet werden. Dass man sich dabei Tankkosten spart, weil der Treibstoff für das E-Bike aus der Steckdose kommt, zählt dann als Kostenargument in vielen Fällen erstaunlich wenig.

Die Rechnung geht so (in der Modellrechnung die das Wirtschaftsmagazin „trend" anstellte, flossen die Vollkosten eines neuen Opel Corsa ein, inklusive Wertverlust, 15.000 Kilometer Jahresfahrtleistung): Am schlechtesten kommt weg, wer sein Auto sonst normal nutzt und sich lediglich für die täglichen Pendelfahrten zur Arbeit oder zu den Öffis zusätzlich ein E-Bike anschafft. Wer dabei jährlich 1000 Kilometer (etwa vier Kilometer je Arbeitstag) in die Arbeit oder zu den Öffis fährt, hat gar keine Ersparnis, sondern erhöht (!) seine Kosten um rund 60 Prozent. Bei jährlich 2000 Kilometern (das sind in Arbeitstagen gerechnet immerhin täglich acht Kilometern) sind es immer noch 16 Prozent mehr.

Nur wer sein neues E-Bike für mehr als 5000 Kilometer jährlich (dazu müsste man an 250 Arbeitstagen je 20 Kilometer hinlegen) dem Auto vorzieht, der spart tatsächlich Geld durch die dabei vermiedenen Treibstoffkosten (-14,5 Prozent). Das heißt – in den meisten Fällen wäre die Ökologisierung des Arbeitsweges durch ein **E-Bike mit deutlichen Mehrkosten verbunden**.

Zwei Faktoren lassen die Rechnung andersrum ausgehen: Je älter das Auto, umso eher rentiert sich das E-Bike auch wirtschaftlich, da die Anschaffungskosten des Autos nicht mehr so stark ins Gewicht fallen. Da die exakten Werte in diesem Fall aber von zu vielen Unbekannten abhängen, lassen sich da sehr schwer Durchschnittsrechnungen anstellen.

Anders sieht die Rechnung auch aus, wenn man das Auto zuvor ausschließlich für die Pendelfahrten benutzt hätte – das treibt die jährlichen relativen Kosten auf gewaltige 3300 Euro etwa für die oben beschriebene acht-Kilometer-Pendelstrecke (Vollkostenrechnung). Würde man in diesem Fall das Auto verkaufen und die Strecke stattdessen mit einem E-Bike fahren, wären es (ebenfalls zu Vollkosten gerechnet) nur 400 Euro und damit wesentlich billiger. In der Praxis bleibt dieses Modell ein Gedankenexperiment. Denn zumindest in der kalten Jahreszeit oder bei Regen sinkt der Komfortaspekt auf einem E-Bike im Vergleich zu einem Auto doch gewaltig – man wird auf den vierrädrigen Untersatz nicht verzichten können.

Die CO_2-Einsparung – die hängt direkt an den jeweils verbrauchten Treibstoffmengen – allerdings wäre in jedem Fall beachtlich: Statt rund 300 Kilogramm CO_2 beim Auto (gerechnet auf 2000 km), beträgt der CO_2-Ausstoß bei der für das E-Bike benötigten Stromproduktion gerade einmal zwei Kilogramm/Jahr. Doch selbst diese Rechnung hat einen Haken: Wenn durch die Anschaffung eines E-Bikes nun ein normales Fahrrad ersetzt wird, schlägt in diesem Fall sowohl Kosten- als auch CO_2-Belastung plötzlich ergänzend zu Buche. Statt Muskelkraft arbeiten Kilowatt. Und das wäre dann überhaupt nicht im Sinne des Erfinders.

Das können Sie glauben

- Mit einem E-Bike lässt sich in den meisten Fällen kein wirklicher finanzieller Einsparungseffekt erreichen, wenn zusätzlich auch noch ein Auto betrieben wird. Die Einsparungen bei den Spritkosten sind in der Vollkostenrechnung nicht hoch genug.
- Erst wenn man das Auto verkauft und tatsächlich durch ein E-Bike ersetzt, geht die Rechnung finanziell auf.
- Die Anschaffung eines E-Bikes sollte daher eine Frage der Ökologie oder des Lifestyles sein.

Quellen

ÖAMTC, Wirtschaftsmagazin „trend", E-Control, Wien energie, DENA Deutsche Energieagentur

IMPRESSUM

Das Werk, einschließlich aller seiner Teile, ist urheberrechtlich geschützt. Jede Verwertung außerhalb des Urheberrechtsgesetzes ist ohne Zustimmung der Hubert Krenn VerlagsgesmbH unzulässig und strafbar. Das gilt insbesondere für Vervielfältigungen, Übersetzungen, Mikroverfilmungen sowie die Einspeicherung und Verarbeitung in elektronischen Systemen. Die in diesem Buch veröffentlichten Ratschläge sind mit größter Sorgfalt vom Autor erarbeitet und geprüft worden. Eine Garantie kann jedoch nicht übernommen werden. Ebenso ist eine Haftung des Verlags und seiner Beauftragten für Personen-, Sach- oder Vermögensschäden ausgeschlossen. Jede gewerbliche Nutzung der Arbeiten und Entwürfe ist nur mit Genehmigung der Hubert Krenn VerlagsgesmbH gestattet.

Cover: Moritz Scharf

Grafische Gestaltung: Moritz Scharf

Texte: Dr. Markus Groll

Lektorat: MMag. Alexander Sprung

Illustrationen: Mag. Christoph Abbrederis

Druck und Bindung: Druckerei Theiss GmbH, A-9431 St. Stefan

© Hubert Krenn VerlagsgesmbH 2011, Printed in EU 2011

ISBN: 978-3-99005-110-8